幸福廚房

王惠淑、林麗華、王秀勤◎著

頤嵐達◎文字創作　　李東陽◎攝影

心六倫中的幸福美味

　　倫理是當前社會最重要的價值，法鼓山人文社會基金會以創辦人聖嚴師父發起的「心六倫」運動為工作主軸，並且在法鼓山方丈和尚果東法師的領導，以及全體同仁的努力下，以多元形式積極將「心六倫」的理念扎根推廣，包括家庭、校園、職場、生活、族群、自然等倫理面向，近年來已卓有成效。

　　多元族群共同分享各種生活場域，已是台灣社會普遍的現象。族群之間相互關懷、尊重，乃至日常生活的協力合作，很需要創造各族群的良性互動，增進彼此的了解和互諒，例如跨國婚姻來臺定居的新住民，容易出現文化差異的適應問題，諸如飲食習慣、價值觀念、親屬關係、生活、情緒困擾、人際互動及家人溝通等適應問題，最是需要大家一起來關心，共同展現族群倫理關懷之情。

　　《幸福廚房》緣起於心靈環保「心六倫」──族群倫理和家庭倫理的理念，邀請法鼓山資深主廚團隊，駐入各地社區學校開設蔬食教學的烹飪課程，社區中各族群、新住民和本地居民因此有了共同學習、相互扶持的平台。同一時段也搭配《幸福兒童班》的課程，透過活潑的教學活動，傳遞生活倫理和校園倫理的觀念，讓爸爸媽媽們可以在學習烹飪之餘，對小朋友所受到的照顧和活動感到放心，孩子上完兒童班，也可以到幸福廚房，體驗和大家一起用餐的幸福感。

　　歷時三年多以來，在新北市的大坪、中角、萬里、老梅、金美、安坑等國小開辦的新住民深耕課程「幸福廚房」，從剛開始彼此不熟悉，甚至不信

任，透過主廚老師生動的帶領、美食的分享，在善意、關懷而直接的互動過程中，漸漸消弭彼此的隔閡，成為一起享受做菜、閒話家常的好朋友，甚至閨蜜，鄰里之間的關係仿佛成為家庭場域的延伸，像大家庭一樣歡喜相處。三年課程累積下來的菜餚，除了創意具足的食材和做法分享之外，還有滿滿的幸福味道！因緣成熟，今以食譜的形式集結成書，願和所有的讀者分享這份難得的喜悅。

在二十一世紀全球化的今日，人類面臨種種嚴峻的考驗，許多天災、人禍的產生，皆因倫理觀念淡薄所致。然而危機往往也是轉機，聖嚴師父說過：「愈是混亂的時代，愈需要倫理的教育。」心六倫的推動雖是長期運動，但也有時間的急迫性。讓我們一起打拚，相信經由我們的共同努力，世界會通往一條幸福的大路。

本書的完成要感恩王惠淑老師、林麗華老師和王秀勤老師的大力支持，人基會鍾明秋董事以及張麗君主任所領導的團隊，包括黃儀娟師姐、廖素月師姐、曾正智師兄與李東陽師兄的通力合作，因為大家的用心和付出，《幸福廚房》一書才能順利出版。

法鼓山人文社會基金會祕書長／國策顧問

李伸一

民以食為天，食以淨為先

　　素食的文化意涵，從漢傳佛教的「不殺生」理念，到近年來全球提倡吃素對環境保育的正面影響觀念；從個人的信仰，推廣到健康的生活與永續的環境。融合了自利與利他的雙重目標，也提供了在每一餐的選擇上，人人都有實踐的機會！

　　《幸福廚房》絕對是一本實用的素食食譜，而又不僅是一本食譜的教學意義！三年，是本書的製作投入時間；三位老師，王惠淑老師、林麗華老師和王秀勤老師，是法鼓山資深主廚團隊；多元族群，以素食料理教學融合了各族群新住民與在地家庭。加上幕後不計其數的後勤支援與運作的志工們，始得以成就此書。單純翻閱，感心安定；實做料理，身心安頓。

　　「素」字，「淨」也。淨的意境甚高，如嘗試以文字描述，動詞有「淨口、淨意、淨身」；名詞有「乾淨、潔淨、純淨」之意。法鼓山的理念：「提昇人的品質，建設人間淨土」，人的品質需要以動詞提昇，人間淨土則是以名詞形容。素食，的確是佛教生活化的具體呈現。

　　「民以食為天」，可見食對人的重要性。將素食的正念引導至食的文化與教育，更能夠貼近生活，提高實踐的頻率以及擴大正行的影響力。筆者近年來亦致力於「食育」正確觀念的推動，傳播對於食物生產方式的注重，選擇對環境較為友善的生產農法，減少農藥與化學肥料對土壤、水源、空氣的環境汙染，更降低農毒對於各類生物的傷害。「好食」，不僅僅只在好吃的追求，也能夠同時注重食物來源對於環境的影響，為自己及後代留存永續的淨土。

　　「食以淨為先」，安全潔淨的飲食無法只看表相，需要對食物有進一步的「知」。先覺察到選擇食物會對自身、家人及環境有重大影響的「覺

知」，再進一步認識食物生產方式差異的「認知」，最後根據對食物所知而採取正向行動的「行知」，「知食」而後能擇食。在講究素食對人身及環境的正面態度之外，也能夠完整實踐「擇食」對環境與眾生的正面影響。

　　台灣很美，在《幸福廚房》中也證明了這片土地上的人很美；台灣很美，也希望是整個土地環境生態能夠有永續的美。台灣人很幸福，有《幸福廚房》幫我們實踐餐桌上的意義；台灣人很幸福，因為我們還可以用「選擇正確的食物」讓台灣的未來更美好。

《知食─用消費改變世界》作者
樂菲有機超市創辦人
蒲聲鳴

融合，就是最大的幸福

在幸福廚房的課堂中進行教學和示範時，我的心情其實還滿戰戰兢兢的。很擔心學員們不能接受我所分享的做菜方法，或者在蔬食觀念上有些什麼不相應，或乾脆上課不聽等種種狀況。所以每次上課前都要花很多時間構思、準備，尤其在食譜的設計上，真的下很多功夫、花盡心思，盡一切所能，希望與大家分享美食中的幸福味道。

漸漸地，學員們紛紛學得津津有味，上課時發問越來越熱烈，才慢慢放下心來。能在這樣的課堂中，貢獻自己一點經驗和心力，一切就很值得了！這學期還另外增加了「借分享」的環節，沒想到激起學員們不少火花呢！大家自然而然地相互付出，人與人之間的關係不知不覺更緊密，我自己也和大家玩得很開心，大家彼此相互融合的幸福覺受也越來越濃烈！

看到幸福廚房一系列的課程能夠對新住民和本地居民有所幫助，我覺得就是一件美好而幸福的事。就像新住民，她們遠離家鄉到陌生國度定居，無論語言、生活習慣、環境的適應都需要極大的勇氣。若能因為幸福廚房課程的因緣，給予他們些許安慰、助益，帶來一些幸福感，未嘗不是美事一樁啊！在此過程中，我也更能透過互動的機會，與學員們彼此教學互長，拉近彼此距離。對我來說，這就是最棒的幸福了。

我覺得新住民能暫時放下家務負擔，到幸福廚房的課堂上參與學習，表示他們在台灣的生活還算是穩定的。家人能讓他們離開家庭場域來上課，甚至把他們的家人也帶來一起參與，還有大陸的家人也來一起觀摩，那份影響力真是不可思議。他們還曾經與我分享，類似的課程在他們家鄉是從未有過的事，對他們來說是非常新奇和歡喜的經驗。這讓他們覺得法鼓山真是太好了！大家總是對此讚不絕口！

　　衷心感恩法鼓山人基會、群馨基金會及所有支持幸福廚房的中角、大坪、萬里、金美、安坑、老梅國小校長、主任、工作人員們，王秀勤、林麗華老師，辛苦了！ 由於大家的辛勞，才有今日的成就。讓我們能更積極推廣素食，用少油、少鹽、少糖，最簡單的方法烹調。並與大家結緣、互相交流 ！有你們真好！ 最最感謝是社會大學廖素月主任， 不辭辛勞地招生、開課、結業，將我們緊緊結合在一起！

　　三年來，我自己其實也在學員們身上學到不少新的想法，能有這個因緣參與此項課程，心裡除了感恩，還是感恩！ 也希望讀者們能夠透過菜餚和學員生命故事的分享，升起屬於自己的那份幸福感！

法鼓山新住民安坑國小幸福廚房課程資深講師

王惠淑

因為知福，我們一起走向幸福！

　　原本以為走向暮年的我，一定會出一本散文書籍，很意外地我的第一本書，竟然是一本食譜書，而且還結合了王惠淑老師豐富的經驗，以及王秀勤老師烘焙的巧思，這正如佛法所說的「因緣具足」！

　　我從公公婆婆的幸福農場裡，學習到對土地的疼惜和自然耕種的堅持，一田芥菜搖身變成一缸正在醞釀美味的酸菜；成堆的白蘿蔔，加入鹽巴洗禮，再經過陽光曝曬，成為一罐罐香氣迷人的菜脯；而鮮嫩的紅蘿蔔，搭配我自釀的紫蘇梅，細火慢熬，也能變成蜜餞般令人驚喜，原來做菜的喜悅，隨時都在我們身邊圍繞著！

　　每次做菜時刻，我都以歡喜心、清淨心在料理，確實掌握到食材的特性，沒有繁瑣的做菜程序，反而是以一種遊戲的方式，不斷地嘗試變化，讓素食料理跨越國界，充滿三德六味的甘露味！

　　感恩法鼓山推動「建設人間淨土」的信念，讓我有此善緣，在素食領域裡激發出我的潛能！感謝家人和朋友的成就！因為家人的支持鼓勵，才能種福田，結善緣，感恩公婆、同修的疼惜，讓我可以將幸福的氛圍藉著料理傳遞出去！

　　感恩法鼓山人基會，提供讓我學習成長的平台，因為接觸到幸福廚房的教學課程，在面對新住民學員對於素食料理的熱情，我更加用心，試著將當季時令的蔬食，加注許多的天然元素，讓學員們可以將所學的內容變成印尼或大陸的家鄉菜，這樣學習的火花，溫暖了每位學員。

　　出書過程中每位菩薩的奉獻，讓我更加感動，人基會的朋友，黃儀娟師姐，和可敬可愛的李東陽師兄，除了用獨特的心眼捕捉畫面之外，文筆更是精采！最要感謝法鼓山社會大學廖素月師姐，沒有她的費心張羅，就沒有本

書的誕生。

　　這是一本擁有生命厚度的食譜書，它不用華麗高貴的包裝，食材隨手取得，只要用一點巧思，一些細節的提醒，每一個人都能在自己的餐桌上，品嘗到一份簡單卻甜蜜的幸福感！

　　如同在我的生命歷程裡，碰見了最好的事，遇見了最棒的人，原本一手拿著畫筆塗鴉，書寫文字，現在另一手則握著鏟子，在蔬食的領域，彎下腰身，細細聽著菜園裡植物的對話，讓四季不同的風吹拂著，因為知福，將帶著我走向幸福！

法鼓山新住民萬里國小幸福廚房課程講師

林麗華

▲ 走到哪裏都不忘與之分享一切的公婆，包括上課時也邀作嘉賓同樂。

教學相長的幸福

　　非常感恩，自己能夠參與幸福廚房，由剛開始學員同伴，慢慢轉變至老師的教學角色。對我來說，這也是我廚藝漸次成熟非常重要的過程。在課程中和新住民與本地社區居民相互學習分享，不分彼此，每次上課都像與同伴一起歡樂遊戲，源源不絕的創意就這樣不斷激發出來，實是非常不可思議的轉化和成長歷程。

　　課堂中新住民的學員朋友常常與我敘述著他們故鄉的情景、人文、生活、飲食習慣，其中和台灣有很多不同之處，對我來說也像是打開了新奇的一扇視窗。經過長期的互動，學員們彼此情感慢慢建立，大家相互交流、學習越來越熱烈，包括烹飪技巧和生活各層面的文化觀念。不論新住民或者本地居民，每個人都有了新的學習。參與課程的動力，也越來越強，大家攜手一起提升！

　　很開心的是學員之間總是能夠藉由課程中熱絡氛圍，互相關懷，一起扶持，成為彼此的社會支持和心靈堡壘，人與人的距離變得非常緊密。這點總是讓我感動不已！

　　在這樣的幸福歡樂氛圍中，產生了《幸福廚房》這本食譜，是大家三年來共同的學習凝聚而成的，很高興有這個機會，透過出版和更多的人分享。希望有緣的讀者，都能感受到美食和故事人物之中，那份從心裡湧出的幸福感！

　　感恩王惠淑老師，引領我進入這多元有趣的素食世界，不藏私的教學，更提昇我對食材認識；感謝林麗華老師、黃儀娟師姐、李東陽大師、曾正智師兄，人基會各位菩薩，最重要的是廖素月師姐，開發了我另一項潛能！還有支持幸福廚房的校長、主任們，特別要感謝助教群，許惠真、陳瑋琳、林志敏、許淑雲、周勝標、黃苡萱，以及學員們，感恩有您們，感恩家人們，沒有他們背後的推動和付出，也就不會有這一段教學相長的幸福廚房！

法鼓山新住民金美國小幸福廚房課程講師

王秀勤

滿「心」幸福

「幸福廚房」，真是一場熱鬧至極、歡樂滿溢的饗宴！

進入廚房，以為焦點莫過於追尋「舌尖上的幸福」；當一步步走進主廚老師和學員們的生命故事深處，才明白味覺的無上滿足只是附加價值。

美食烹飪的課程，堂堂鬧熱滾滾，眼見學員揮汗、凝神、穿梭其間，或歡笑，或聚精會神做筆記，人人喜樂不得閒。對整個幸福廚房來說，課程的本身其實扮演著「所緣」的角色，為的是引出廚房背後亦步亦趨的幸福哲學、大家攜手走過或同或異的喜悅足跡。

老師們親自示範，以第一手的食譜呈現，集結成書，讀者按照近70道菜的食譜步驟，自行複製一次，八九不離十的成果不是問題。但幸福廚房之中，瀰漫的絕不只是飯菜香，更是每位老師對烹飪、對食材、對土地、對禪悅、對家庭等不同層面的深刻思考和濃濃情感，還有對學員的用心、柔軟心、感恩、謙卑心，所編織而成「愛」的味道。奔波採訪各個廚房，一再重複品嚐到的，一直都是那份無私的愛──所有美食的第一食材和第一調味料。

本書王惠淑老師、林麗華老師、王秀勤老師生命故事的分享，是整本食譜的緣起和基石。從旁觀到參與，從彼此禮貌到交心交融，關於「烹食」的立體感，隨著對老師們的認識越來越深入，也不斷刻畫成型，於是有了「禪悅為食」、「大地唯美」和「家家幸福」的篇章。跟拍製作的過程中，品嚐一道道的成品，不敢只帶著舌尖，要求自己一定要把「心」準備好，進入「每一道菜的生命故事」，再細細觀照老師們做菜時的用心、用情，這才知道，每一道菜的故事和用心，如此截然不同。

所以，每一道菜有了自己的「禪心味蕾物語」、「吻大地物語」和「開心悄悄話」──是食物和心的直面對話。當然，每位學員和食客品嚐當下可能都有自己的對話情境。隨著筆者的體會和分享，大家不妨融入新的嘗試：

一邊品嚐、一邊細細憶想，慢慢咀嚼的過程中，當下體會到什麼？如何透過美食詮釋心底的幸福?!也許可以藉此發掘食物和心所交織而成的全新世界，增添對於「吃飯禪」和「烹飪禪」的體會。

食物和心的互動，也帶出了許多學員動人的生命故事，特別是新住民從原生文化到台灣社會生活的歷程，其中不免也經歷辛苦、艱難的瓶頸。參與幸福廚房課程的契機，對他們的生命而言，往往是舉足輕重的轉捩點。從老師們無私的愛、學員之間族群融合的善意，廚房帶來的不只是幸福，還有安頓生命的機緣，進入心底深處真正的「家」。

幸福廚房的熱鬧和歡笑，除了老師們的盡心盡力，學員們的歡喜參與，背後還有偌大的看不見的人力、物力、財力、智力的支持，集無數默默耕耘的義工菩薩，發心護持的菩薩、法鼓山人文社會基金會、群馨基金會、法鼓山社會大學等單位的協力合作才促成的因緣，歷經三年的努力，方見今天的成果。開展之初，觀念不及，推廣不易，執行步履之艱辛，非一般人能想象。眼前滿滿的幸福，並非隨手拈來即得。感受幸福的當下，當知彼來不易！

所謂「誰知盤中飧，粒粒皆辛苦」，真正的幸福，從何而來？——從懂得知福、惜福、培福、種福的那一刻開始！

走過採訪，走過陪伴，走過關懷，走出了一本食譜！但這不只是一本食譜，更是各種幸福哲學透過美食而走出的實踐足跡。望能以非常不同於傳統的食譜形式，和每位尚未親近幸福廚房課程的朋友們一起分享！

感恩每一位曾經參與的菩薩、老師和學員們！就像攝影大師東陽師兄所分享的，「感謝她們任勞無怨的奉獻，縱然配合拍照工作繁複，且工時遠超過她們的體力負荷，她們仍舊面不改色的認真做菜和講解，著實上了一堂活生生的精進課程」！幸福廚房在大家彼此的相濡以沫之中，幸福不知不覺一點一滴從心底湧出，遍滿整個廚房，也延續至廚房外的舒活人生！

頤嵐達

（黃儀娟）

目　錄
Contents

禪悅為食篇　16

禪心巧廚——王惠淑　18

幸。福。廚。房

禪悅為食篇

　　王惠淑老師對於烹飪和萬事萬物的用心，皆由「禪心」出發，包括菜色的層次設計、擺盤的構思和創意，時時刻刻都透漏出無限的禪意。

　　除了鼓勵食客以「吃飯禪」的用心品嚐禪意菜品，也提倡「烹飪禪」的推廣，烹飪過程中每一個細節、每一個心念都保持專注、安定、寧靜。

　　如此的禪意風格，同時也表現在其課堂氛圍、菜色呈現的無上細緻，以及自身開朗寬闊的人格特質上——細膩之餘，更不失幽默和活潑！

　　進入禪者之心，無所保留的「禪悅為食篇」，一步一驚喜！

菜系分為四大項：
「無漏幸福」、「無住幸福」、「無窮幸福」、「無礙幸福」

特色簡介

「無漏幸福」的各菜，多元層次中以飽滿、厚實的口感最為
突出，彷彿一切皆無所遺漏，完整含藏，以「無漏法」的意
象作為表徵。

特色簡介

「應無所住」的各菜，口感幻化於無形。入口最清晰的覺
受，卻不見相應的食材，已完全融入成品之中，視覺上無形
無相，故以「無所住」的意象作為表徵。

特色簡介

「我願無窮」的各菜，層次豐富，層巒疊疊，無窮無盡，
直到最後一口都還有新的發現，以「我願無窮」象徵。

特色簡介

「清涼無礙」各菜清新可口，層次分明之中，更同時感到無
盡清涼，故以「清涼無礙」象徵。

禪心巧廚——

[幸福推手]

王惠淑老師

▲ 今夜，誰來晚餐呢？大家一起來喲！

巧廚

她置於一處的禪心

看似默默地淡淡地

時不時也活跳跳像個孩子

回眸間卻早已深入人心

一個轉身

即悄然掌起這一缽

以幸福為名

眾樂樂的歡欣禪悅

▲ 微微會心一笑，是愛心晚餐的最佳調料！

　　一步一步隨著法鼓山的眾善因緣趨近演進，她的人生從此織出了截然不同的格局。

　　天生的開朗樂觀、溫潤和煦的熱誠背後，卻也能感受到老師「雖千萬人，吾往矣」的無畏心。長期護持法鼓山，一路上遇到諸多挑戰，只要有需要，老師定勇於承擔、帶頭突破。行事看來自由瀟灑的背後，正面迎來其實是一股卓然大氣！

▲ 老師，你們在說神秘悄悄話唷～

▲完成囉！謝謝你們的肯定，大家喜歡就好！

　　她無畏、大氣而古道熱腸的性格，團隊中很自然成為領導、策劃、推動的角色。護持法鼓山二十多年來，曾經歷千人乃至萬人的齋僧大會、達賴喇嘛林口信眾大會主廚、義工團副團長、農禪寺接待組、聖嚴師父貴賓宴客主廚、推動大寮菩薩報考丙級廚師證照、德貴學苑「解禪蔬食」對外營業餐廳創店主廚、地區招委等數不盡的重大場面和崗位。長年義工，乃至擔綱主廚，不可思議的豐富歷練，除了潛能激發、不斷自我實現的契機，在法鼓的寶山，她最大的收穫卻是因果觀的人生哲學──「用心，再用心！付出，再付出！」受到聖嚴師父的感化，她相信純善、利他的心念和能量，只要用心付出，自然能傳遞出去，推動善的循環。無獨有偶，這與「念念清淨、步步踏實」、「光明遠大」的年度主題，恰恰相應！歷年來，她親身所示的不是理想，而是清清楚楚的實踐足跡！

禪悅為食篇

　　第一次遇見惠淑老師，是在安坑國小的幸福廚房課堂，經過簡單介紹，淡淡地點個頭，淺淺一笑，她就繼續埋入原來的烹飪程序中，完全不受「外在境界」的變化所擾動。當時所散發的安定力和攝受力，使得進入新環境有點焦躁不安的筆者，頓時不覺也安定了下來。不禁對她手邊正在烹煮的那一道「芋棗」（詳見禪悅為食──無窮幸福，第62頁），充滿了好奇。這樣攝受的安定力，會煮出什麼樣口感的菜餚呢？

　　印象最深刻的，是清炸麵線作為芋泥「防護罩」的創意，仿佛細心捧著芋泥全心呵護！一口咬下，才發現酥脆之內還有一層層、無窮無盡的「鬆軟關卡」裏護著內餡，每進一層都有新的發現！但要夠細心喲，不細品到最後一味，還真不知道正港的內餡究竟是什麼！把心沉澱，緩緩品來，真像是一場奇幻之旅，一路喊不完的驚喜！

　　人人為之驚艷的菜品設計，其實是源於老師「不做兩次同樣的菜」鋼鐵一般的原則。不論老菜、新菜，食材選擇、烹調乃至擺盤，每次的呈現必然有新的思考、新的實驗、新的內涵，總是出其不意。不斷自我要求、自我超越、自我挑戰，其實就是老師「用心，再用心」的精髓之處；自我超越的用心，也與「細緻、再細緻的自我觀照」相應，如此精進之心，最是讓人動容！這份無盡的自我要求和自我超越的內在動力，除了本身性格之外，就是不負師父和法師囑託的一份堅定信念，以及對法鼓山無時不澎湃的感激之情。其力道之強，不可思議，不但造就了老師完全不同的人生格局，也讓有緣成為學員和食客的我們，能夠親身體驗「禪悅為食」的意趣。

▲ 接下來做什麼好呢？猜猜看囉～

▲擺盤就像作畫一樣，是藝術創作，需要安定、寧靜的巧心，絲毫馬虎不得唷！

▲主菜旁的配料，也不可隨意，需要仔細考慮後，慢慢融入主菜，形成完整的共同體。

▲美食完成之時，打從內心，歡欣雀躍！

　　一品老師的菜餚，不能太急太快──食客品嚐巧廚料理，也可以是一段禪修體驗。她以靜心、定心、歡喜心準備的無限驚喜，細品之間，更不只是味覺體驗的探索。大家不妨試試看，品嚐到觸動之處，更可培養全身六根、六識的啟發。從廚房內的安定力，到食客餐桌上的覺知歡喜，一脈相承的，其實也就在每個人當下的一念心──如此煮之、食之，「禪悅為食」的領略，當可油然而生。

▲擺盤設計圖，構思中~

幸福廚房的課程設計，理念如出一轍。老師希望藉著課程推廣「吃飯禪」和「烹飪禪」的理念——「做菜的過程，本身就是一段禪修」。特別是在宴客或者大眾餐的大寮，賓客往來不定，情境瞬息萬變。秉承不慌、不急、不趕，先安定外場的焦急，內場同步緊湊但不忙亂，保持用心、細心地烹調，方是烹飪禪不變的原則。但安定的力量並非憑空而來，充分的事前準備，從頭到尾反覆在腦海裏踏踏實實排練，才能有臨危安定內、外不亂的基礎。

「烹飪禪」理念的扎根，需要長期灌溉。老師考慮到學員的學習進程，從一開課最基本的烹飪觀念教起，到本學期進階的擺盤設計示範，次第分明。學員們藉此所學，即使面對宴客甚至是公開推廣，獨當一面已非難事。幸福廚房深耕三年的種子，已從播種、培育漸漸邁向萌發、外延。三年課程期間，烹調食材的原則，卻始終不離「簡單」——課程初始的簡單，是基礎；進階版的簡單，則是歸元食材本質的反思。老師對學員們的期許無他，只願啟發大家以禪心入菜，應用烹飪基礎觀念，不斷地創新、變化，發展出每個人以自心出發的料理風格。

▲大家仔細聽喲～我來說給你知！

▲上課時，老師總是真情流露，表情幽默，言談生動風趣！

煮食用心，

是不斷自我超越的精進；

禪心入菜，

以隨處的安定專注，

相待食材、食客和每個環節。

食與煮食，隨處質心、簡單，

「烹飪禪」

「吃飯禪」

悄然傳承～

起司豆包

食材

豆包	6片	起司片	6片
中筋麵粉	80公克	胡椒鹽	10公克
麵包粉	60公克		

幸福の足跡

1 將豆包從中剝開攤平，灑上一點胡椒鹽調味。

2 中筋麵粉60公克加10CC水調成濃稠狀的麵糊。

3 將起司片對摺，放在豆包的一邊上，起司與豆包邊緣保留約1公分的距離。

4 在豆包三邊邊緣抹上麵糊作為粘合劑，將豆包另一邊翻回來，用手輕壓，讓豆包粘合。

5 用20公克的麵粉，加50CC的水，調成薄麵糊，在豆包表面抹一層薄麵糊潤澤外皮。

6 在豆包表面均勻沾上麵包粉。

7 起油鍋，將豆包用中大火炸至表面金黃即可起鍋切塊。

**禪心味蕾
寄語**

高溫融化了起司，在酥炸外皮的包裹下具有十足爆發力，剎那滿溢齒間。入口的熱度同時流竄全身，當下有一種被溫暖滿滿包住，體驗裡裡外外無一遺漏的幸福。

[無漏幸福]

崩山豆腐

食材	**調味料**				**配料**	
板豆腐　2塊	醬油	1大匙	花椒粒	1小匙	辣椒末	少許
	香油	1小匙	辣豆瓣醬	1大匙		
	糖	1小匙	胡椒粉	1小匙		
	烏醋	1小匙	鹽	1大匙		

幸福の足跡

1 將鍋內加水，放1大匙鹽，用大火將水煮滾。將豆腐用手掰開放入鍋中，形狀呈大塊不規則狀，煮至豆腐有小氣孔蜂巢狀。

3 煮好的豆腐取出，瀝乾水分，放在盤中，淋上煮好的醬汁，灑上辣椒末即可。

2 另取一鍋，開小火，放入1大匙沙拉油，加入花椒粒炒香，取出花椒粒，再加入辣豆瓣醬炒出香味，加入醬油、糖、胡椒粉，炒至糖溶化，最後加入烏醋、香油炒勻，即可熄火。

 巧廚私房說

口味重者，調味料可再加1小匙豆豉，增加甘鹹度。

禪心味蕾寄語　豆腐本性無味，但質樸豐富，粗獷中同時帶有綿密細緻。調味料為外淋，淡淡地幫豆腐加上一層鹹中帶酸的外衣，巧妙顧及口感的需求，同時完整保留豆腐的本性，兩全而無有遺漏。

[無漏幸福]

荷葉芋頭蒸

食材

素躁	1大碗
（做法請見本書第56頁）	
芋頭	600公克
荷葉	1張

調味料

鹽	1小匙	玉米脆片	10公克
胡椒粉	1.5小匙		
九層塔	一枝		
辣椒	1根		

幸福の足跡

1 將荷葉洗淨放入滾水中汆燙過,再將荷葉鋪在小蒸籠,並在葉上抹一層油。

2 芋頭去皮洗淨,用刨絲器刨成中粗絲,加鹽1小匙及胡椒粉,用手抓勻。

3 將芋頭絲放入舖了荷葉的小蒸籠,稍微用手壓一下,再將素躁均勻舖在芋頭絲上。

4 將小蒸籠旁邊突出的荷葉邊向內摺蓋上食材,最後蓋上蒸籠蓋子,用大火蒸15分鐘。

5 蒸熟之後拿開蓋子,將荷葉打開,將蒸籠邊的荷葉摺起來,在中央擺上少許玉米脆片、九層塔、辣椒裝飾即可。

禪心味蕾寄語

素躁的顆粒感和嚼勁,配上蒸至鬆軟的芋頭絲,兩者相互的搭配,有截長補短之效,同時迸發了彼此的活力!荷葉的香氣淡淡地不打擾,卻恰為兩者無漏融合的最佳捕手。

幸‧福‧廚‧房

無漏
幸福

糖醋茄夾

食材

茄子	2條	麵粉	5公克	
山藥	200公克	芝麻	2公克	
豆腐	1塊	太白粉	少許	
猴頭菇	5公克	酥炸粉	20公克	
芹菜末	5公克	太白粉水（水10CC、		
紅蘿蔔絲	3公克	太白粉2公克）		
香菇末	5公克			

調味料

番茄醬	2大匙
醬油	1小匙
胡椒粉	1/2 小匙
白醋	1/2小匙
烏醋	1/2小匙
鹽	1/2小匙

幸福の足跡

1 將山藥蒸熟，與豆腐末、猴頭菇末、芹菜末、紅蘿蔔末、香菇末混勻，加鹽與胡椒粉拌勻備用。

2 將茄子切適當大小，一刀斷一刀不斷，形成小開口，在開口處鋪上些許太白粉。

3 將山藥豆腐泥塞入茄子開口內。

4 用少許酥炸粉、麵粉、1/2小匙油、水15 CC調成麵糊。用麵糊將茄子開口包裹密合。

7 將醬汁淋在茄夾上，再撒些芝麻即可。

5 起油鍋，油熱後放入茄夾，炸熟至表面金黃，取出盛盤備用。

6 鍋中放少許油，開中小火，放入番茄醬、烏醋、白醋、醬油炒勻，再以太白粉水勾薄芡，即成醬汁。

禪心味蕾寄語

小小一口茄子，裏面包羅萬象；直觀有種吃餃子的感覺，但遠比餃子開放而多元；扮演合口角色的是麵糊，和內餡各司其職又融為一體，是守護也是簇擁；二合無漏！

[無漏幸福]

金絲沙拉蜜瓜

食材

哈密瓜	1粒

馬鈴薯	2顆
酥炸粉	200公克
麵粉	100公克
沙拉醬	1小包

調味料

沙拉油	1大匙
鹽	1/2小匙

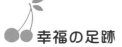
幸福の足跡

1 馬鈴薯削皮,切細絲,泡水約10分鐘,瀝乾,用油炸酥,撈起瀝油備用。

2 將哈密瓜削皮,切成塊狀。

3 將酥炸粉、麵粉、沙拉油、鹽、水200CC加在一起調成麵糊。

4 將哈密瓜外表沾裹麵糊,入油鍋炸至酥脆。

5 將炸酥的哈密瓜,裹上沙拉醬,再裹馬鈴薯絲,用手輕壓定型即可。

巧廚私房說

哈密瓜不要選太熟的。

禪心味蕾寄語

酥脆細薯條輕輕包覆著飽滿而柔嫩的沙拉,真正的主角其實是鮮甜多汁的哈密瓜。酥脆和柔軟多層次融合,最後水果的本質,卻是完整保留無所漏!

無漏
幸福

驢打滾

食材

長糯米	1杯	棗泥	100公克	細砂糖	5公克
		松子	5公克	紫蘇葉	數片
		花生粉	10公克		

1 長糯米泡水1小時,洗淨蒸熟。
2 棗泥搓成圓柱狀備用。

3 將做壽司用的竹簾外套上塑膠袋,將糯米飯放在竹簾上,鋪成長方形,放上棗泥。

4 將松子撒在棗泥旁。

5 用竹簾將糯米飯捲成壽司狀。

6 在盤子中將花生粉、細砂糖拌勻,將糯米卷均勻沾上花生粉。

7 切成小段放在紫蘇葉上裝盤即可。

禪心味蕾
寄語

酷似紅棗麻糬的口感,松子的提煉以及米粒的立體感,活化了糯米的柔順絲滑。上菜時搭配紫蘇葉,刻意在柔順、立體之中,增加粗糙卻清新的衝突!一口天地之內,滿滿衝突,卻引入無漏融合!

幸·福·廚·房

無漏
幸福

棗泥鍋餅

食材

麵粉	1碗	卡士達粉	1大匙
		市售棗泥餡	100公克
		芝麻	5公克

幸福の足跡

1 在玻璃紙上將棗泥壓成長方形薄片。

2 將麵粉、卡士達粉、水1杯半攪拌均勻，調成麵糊。

3 平底鍋抹少許油，將麵糊倒入煎成薄圓片，定型後將棗泥餡放至中間，並將四邊的麵皮翻上來將棗泥包住，煎至底面金黃。

4 在表面撒上芝麻，翻面煎至金黃，取出切小塊擺盤即可上桌。

禪心味蕾寄語 餅皮厚實，解膩不解「泥」；餅皮並不完全包覆內餡，保持開放；棗泥卻仍然恰如其分安居餅皮之中，不漏不溢，鬆緊之間，自在無漏！

幸。福。廚。房

[無住幸福]

菠菜豆包

食材

菠菜（取葉片大者）
160公克

豆包	6片
枸杞	約18粒
川芎	2片
當歸	1片
黃耆	2片

調味料

鹽	2.5小匙
太白粉水（太白粉 2公克、水10CC）	
香油	1小匙

幸福の足跡

1 鍋中加水、鹽1小匙、油1小一匙煮開,加入菠菜氽燙,取出泡冰水,穩定菜色。

2 將川芎、黃耆、當歸、枸杞加水1.5杯煮到藥材出味,加入豆包續煮至入味,加入鹽1小匙,中小火煮約15分鐘,注意水分不要煮乾。

3 取菠菜葉,三片一組攤開,豆包一切為四,取一片豆包置於菠菜上,將帶梗這邊葉子向內摺,左右兩邊同時往內摺,最後將葉片整個包住豆包。一共六片,分別擺在盤中。

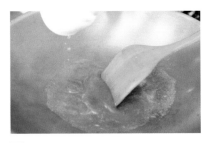

4 將菠菜梗及剩下的葉子放入果汁機,加一杯水打成汁, 並且入鍋中煮開,加1/2小匙鹽調味,用太白粉水芶成薄芡,淋在菠菜豆包上,滴二滴香油。

5 取出做法2的枸杞1粒放在每個菠菜豆包上即可。

巧廚私房說

勾芡時,顏色不用太深。菠菜梗數量較多,則顏色可較淡。

禪心味蕾寄語

這道菜讓人驚喜地不得了!最清楚的是枸杞和當歸的味道,口中卻不見藥材蹤影。眼見菠菜葉的青翠,一入口卻即刻絲滑消失無形。豆包的質感淡淡不搶戲,卻實實在在地存在。各種食材的幻化,仿佛都在說明無住生心。

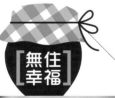

無住幸福

馬鈴薯素慢

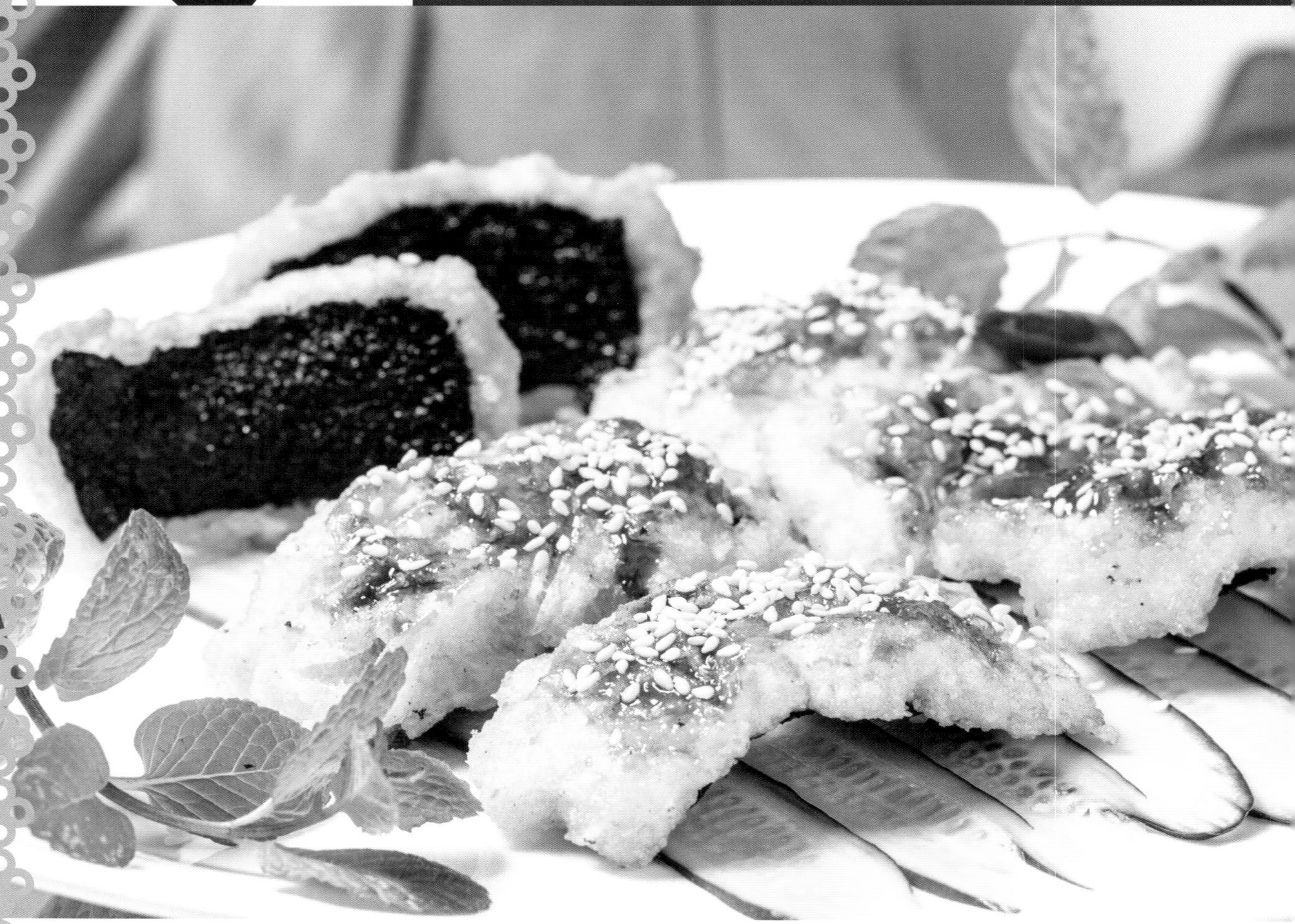

食材

馬鈴薯	兩大粒	海苔片	6片
		芝麻	5公克

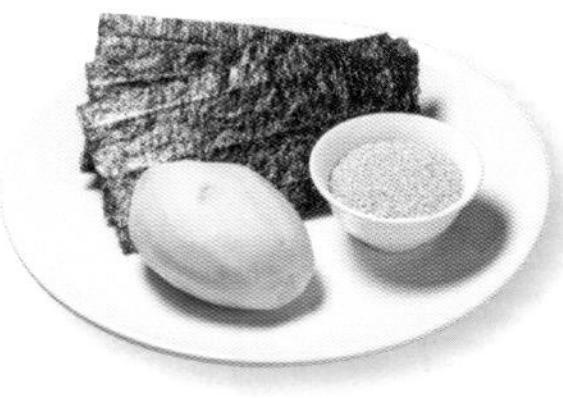

調味料

素蠔油	1大匙
香油	1小匙

 幸福の足跡

1 馬鈴薯削皮洗淨,用磨泥器磨出纖維,用濾網去除水分。

2 取海苔片粗面向上,取適量馬鈴薯泥鋪滿海苔片。

3 起油鍋,將海苔薯泥炸至金黃。

4 取出海苔薯泥裝盤,在表面抹上素蠔油、香油,撒上芝麻即可。

巧廚私房說

烹飪撇步之千變萬化一:白帶餘

1. 同素慢,材料可由馬鈴薯泥改成豆包泥,在做法上摺成魚片狀,隔水蒸15分鐘。

2. 將1小匙熱油加入平底鍋,將白帶餘用小火兩面煎至金黃,取出白帶餘切片,刷上素蠔油,再撒上白芝麻。

烹飪撇步之千變萬化二:如意卷

1. 取三分之一片千張,全部抹上麵糊,鋪海苔片,粗面向上,並放豆包泥,海苔兩邊分別放一根紅蘿蔔及丑豆。

2. 用手將兩邊向內捲緊,隔水蒸15分鐘。

3. 平底鍋加熱,入少許油,兩面煎至焦香。

 禪心味蕾寄語

馬鈴薯泥與海苔一起酥炸之後的口感,不只是酥脆與柔軟綿密融合,更能感受當下即幻化生滅的無形無住。

[無住幸福]

獅子頭

食材

豆包泥	1斤	香菇	20公克
牛蒡	50公克	薑末	20公克
荸薺	100公克	玉米粉	少許
榨菜	50公克		

調味料

鹽	5公克	醬油	2大匙
糖	10公克	番茄醬	2大匙
香油	1小匙	太白粉	1/2小匙
胡椒粉	1小匙		

幸福の足跡

1. 牛蒡洗淨去皮，切成細絲。荸薺拍碎成小顆粒，稍微擠乾。香菇泡軟切末，榨菜、薑切末。

2. 將豆包泥、牛蒡、荸薺、香菇、榨菜及薑末，加入鹽、糖、香油、胡椒粉、醬油1大匙，一起攪拌均勻。

3. 取適量作法2餡料揉成約乒乓球大小的圓球。

4. 將其表面沾滿玉米粉，入油鍋炸至金黃色。

5. 將番茄醬、太白粉、醬油1大匙、水50CC一起煮至濃稠狀，成為醬汁。

6. 將炸好的獅子頭沾滿醬汁，取出裝盤即可。

巧廚私房說

烹飪撇步之千變萬化：**珍珠丸子**

1. 依獅子頭作法1至3做出丸子。
2. 將丸子表面沾滿泡過水的糯米。
3. 將珍珠丸子放入蒸籠大火蒸20分鐘即可。

禪心味蕾
寄語

原來小小的豆包泥具有如此強大的包容力，不論是牛蒡、荸薺，還是香菇、薑末，都能被涵容而融為一體，彼此的個別性因而化於無形，無有分別，同心協力，共同演出！

幸・福・廚・房

[無住幸福]

花生豆腦佐
南瓜濃湯

食材

花生豆腐腦		南瓜醬汁	
花生去皮	200公克	南瓜	200公克
太白粉	40公克	白木耳	10公克
在來米粉	20公克	鹽	1/2小匙
玉米粉	80公克	太白粉	2公克

1 花生泡水至少2小時至軟，去皮。

2 將泡過水的花生加約1700CC水用果汁機打成漿，以過濾網擠出漿汁，打出來的漿約為1600CC（如果最後擠出來的數量不到1600CC，可再加水再打，直到1600CC為止）。

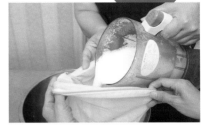

3 花生漿加1小匙鹽，用乾淨鍋子煮開，要不停攪拌，才不黏鍋，避免燒焦。

4 另取一鍋，將太白粉、在來米粉、玉米粉用2杯水拌勻。

5 將做法4的粉水，慢慢加入煮開的花生漿，一邊倒一邊攪拌，一直攪拌至均勻成粘稠狀。

8 將南瓜蒸熟，加水100CC用果汁機打成南瓜泥。白木耳用水泡發，加1杯水，放入電鍋蒸熟，電鍋外鍋加半杯水，蒸至電鍋跳起。

9 南瓜泥加蒸熟的白木耳，加100CC水煮開，再加鹽，最後用太白粉水（2公克太白粉、10CC水）勾薄芡。最後加在花生豆腐腦上即可。

6 再以小火慢煮成糊狀。

7 將煮好的花生漿趁熱倒入模型，放涼凝固，即為花生豆腐腦。

 巧廚私房說

千變萬化之花生豆腐腦佐酸辣濃湯

1.將蘿蔔絲、香菇絲、金針菇、黑木耳、筍絲等加水煮開後，以醬油、烏醋、白醋、糖、胡椒粉調味，最後加太白粉水勾薄芡。
2.將醬汁撒於成型的豆腐腦之上。

禪心味蕾
寄語

豆腐腦本身作為基底，就此而千變萬化，配上酸辣湯汁，就成為酸辣味的一部分；配上南瓜湯汁，又成為南瓜的一部分，自性本空，嚐來無住無相。

幸・福・廚・房

[無住幸福]

秋葵山藥

食材

秋葵	10根	山藥	200公克	蜂蜜	3大匙
		芝麻或烤熟腰果敲碎 5公克		冷開水	40 CC
		甘口細味噌	100公克		

幸福の足跡

1 秋葵用滾水汆燙，再過冰開水降溫，瀝乾切顆粒狀備用。

2 山藥切成小顆粒狀，用滾水汆燙。

3 將蜂蜜、味噌加15CC冷開水調成醬汁。

4 秋葵、山藥混合盛盤，淋上味噌蜂蜜醬汁，撒上芝麻或腰果碎即可。

禪心味蕾
寄語

一道涼菜小點，清爽脆口。
關鍵在味噌和蜂蜜，甜鹹巧妙融合，升華了山藥和秋葵本身的淡然風格。
醬汁口感本身也清爽不膩，妝點主角隨後即退場，放下執著。

[無住
幸福]

山藥麵線

∨ 食材

山藥（生） 至少15公分長的一小塊山藥	海苔絲	2公克	檸檬片	3-4片
紫蘇葉　　7片	七味粉	2公克	冰水	3碗
	和風醬	1大匙		
	芥末	5公克（視個人需求酌量調整）		

幸福の足跡

1 選用可刨出較細線狀的刨刀。

2 將山藥削成麵線狀,削好的山藥麵線放入加了檸檬片的冰水中浸泡一下。

3 以紫蘇葉襯底,上置一口量的山藥麵線,淋上和風醬。最後以鑷子加上海苔絲,加芥末,撒七味粉即可。

禪心味蕾
寄語

削成麵線的山藥,嚐來有種不可思議的綿細感,襯以紫蘇葉作為包覆,中間以芥末和海苔絲提味,綿密中被突如其來的嗆味一記重擊。

強烈的衝突感,不僅有豐富口感的層次,不期然也打開了覺知之間的通道。這道麵線也是聖嚴師父特別喜歡,曾要求再多做一些的清新小菜。

[無住幸福]

豆腐鍋貼

食材

水餃皮	600公克	皮絲	75公克
高麗菜	600公克	紅蘿蔔	50公克
白蘿蔔	1條	麵粉	量杯1 杯
老豆腐	1塊	水	量杯10杯
乾香菇	3朵		

調味料

鹽	1.5大匙（殺青用）
胡椒粉	1/2小匙
香油	1小匙

幸福の足跡

1 高麗菜切末，用**1.5**大匙的鹽稍醃殺青，並擠乾水分。蘿蔔稍煮軟，取出放涼切碎。乾香菇、皮絲泡軟，切末。紅蘿蔔切細絲。豆腐切末。

2 將上述材料混合，加胡椒粉、香油拌成內餡（如果鹹度不夠，再依照個人口味另外酌量加鹽）。

3 取適量餡料包入水餃皮，抹一點水將水餃皮對摺黏起來，但兩邊不封口，用手指往兩頭拉開，成為長條狀。

4 平底鍋加入少許油，排入生鍋貼，開中火加熱。

5 麵粉加水調勻，倒入鍋中，約至鍋貼**2/3**處，蓋上鍋蓋。

6 煎至水分收乾，鍋貼底部成為金黃色，即可取出盛盤。

 巧廚私房說

鍋貼和水餃的差別，在於鍋貼兩邊不封口，保持開放，且採煎的方式。

禪心味蕾寄語

豆腐鍋貼的餡料非常多元豐富，口感上有些應接不暇。有趣的是，豆腐的綿密在眾多餡料穿梭於無形，很清楚感受到豆腐的存在，卻又瞬間生滅。

幸·福·廚·房

[無住幸福]

香蕉核桃巧克力派

▽ 食材

酥皮	2張
香蕉	200公克
核桃	70公克
奶油	50公克
巧克力醬	70公克

 **幸福の足跡**

1 核桃放入乾鍋中烘烤4-5分鐘，
取出拍成小塊備用。

2 冷凍酥皮軟化後，用平底鍋煎
至澎起焦香，取出備用。

3 香蕉去皮後切約0.5公分厚片
狀。

4 將奶油放入平底鍋，以小火融
化，放入香蕉煎至兩面微焦
黃。

 巧廚私房說

不妨加上一球芝麻冰淇淋，冷
熱交互，滿足無限。

5 取酥皮放盤上，擺上香蕉和核
桃碎，淋上巧克力醬即可。

 **禪心味蕾
寄語**

以甜點來說，口感真是驚艷。軟中有酥，酥中有軟。甜中有鹹，鹹中有
甜。交叉穿錯，享受打破二元對立的美好。

幸·福·廚·房

[無窮幸福]

素躁

▼ 食材

沙拉油 4杯	蔭瓜　　300公克
香菇丁 1杯	薑末　100公克
香椿醬 300公克	
素肉末 600公克	
（洗淨泡開）	

▼ 調味料

醬油　　　2杯（可以自己酌量增減）		白胡椒粉	1小匙
		五香粉	1小匙
沙茶醬　　300公克		鹽	1大匙
冰糖　　　3大匙			
香油　　　3 大匙			

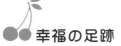
幸福の足跡

1 熱鍋將沙拉油燒熱，加入薑末炒香。

2 加香菇丁炒至香氣出來。

3 加素肉末下去拌炒到水分稍乾。

4 加入冰糖、鹽、蔭瓜（切碎），拌炒至冰糖溶化，再加入醬油拌勻，然後放入沙茶醬炒勻。

5 續加入香椿醬、白胡椒粉、五香粉、香油拌勻即可。

巧廚私房說

如果口味比較重，可以再斟酌增減鹽、醬油的分量。

禪心味蕾寄語

素躁是素食料理當中的基本款，拌麵、拌飯不可少。此處的素躁本身口味層次無窮，以薑末、香菇丁為基底，最特別的是加入冰糖和香椿醬，口感因而有了跳躍和活潑感。若拌飯、拌麵或其他材料更可以無限延展素躁的口感層次。

幸·福·廚·房

[無窮幸福]

月亮馬蹄豆腐餅

食材

春卷皮	8張

荸薺	100公克
馬鈴薯	200公克
芋頭	100公克
紅蘿蔔	少許
老豆腐	一個四方塊

芹菜	1小根
起司片	6片
薑	少許

調味料

鹽	5公克
胡椒粉	1/2小匙
地瓜粉	10公克
太白粉	5公克
香油	1小匙

幸福の足跡

1 荸薺拍碎切末，紅蘿蔔切絲，芹菜、薑切末，起司片切成小片備用。

2 馬鈴薯、芋頭去皮切絲，蒸熟。

3 將蒸熟的馬鈴薯、芋頭混在一起搗成泥，加入地瓜粉、荸薺末、老豆腐、芹菜、紅蘿蔔絲、薑末、鹽、香油、胡椒粉拌勻。

4 取一張春卷皮，撒少許太白粉，取適量餡料鋪平，再撒些太白粉，鋪上適量起司片。

5 再蓋上一片春卷皮，稍微壓平，並在上面用叉子戳些洞。

6 平底鍋中放少許油，將餅煎至兩面金黃，分切盛盤即可。

巧廚私房說

若將芋頭改成地瓜，則可作為黃金月亮豆腐餅。

禪心味蕾寄語

月亮馬蹄豆腐餅的口感非常活潑，荸薺特別清脆，紅蘿蔔、芹菜則是立體清新；豆腐和芋頭、馬鈴薯則是綿密柔軟，和諧又各自不失自己的特色，最後被煎過的春卷皮融合一處，真像一首大師的交響樂。

幸・福・廚・房

[無窮幸福]

餘香茄汁茄子煲

食材

番茄	兩顆		茄子	兩條
			素躁	100公克
			九層塔	75公克

調味料

番茄醬	3大匙
醬油	1.5大匙

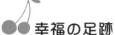

1 將茄子洗淨,切滾刀塊,入油鍋炸至上色即可,不必全熟。番茄切塊。

2 砂鍋預熱,加入一小匙的油,再加入 70公克的九層塔。

3 同時另一熱鍋加入少許油,將番茄炒香,加入素躁、番茄醬、醬油、1杯水一起煮開。

4 將炒好的番茄和素躁倒入已事先加熱(做法2)的砂鍋中,再加入做法1的茄子。

5 最後再加上5公克的九層塔裝飾即可。

巧廚私房說

陶鍋底層可以襯一些汆燙過的高麗菜,增添立體感。

禪心味蕾寄語

素躁的衍生變化之一。

番茄帶點酸甜味,素躁本身層次即為多元,茄子柔軟,中和了前兩者較偏重的口味,展示了素躁的無限可能性。

幸·福·廚·房

[無窮幸福]

芋棗

食材

芋頭	600公克	麵線	一把	玉米粉　15 公克	
		棗泥	100公克	（表面撒上的玉米粉	
		松子	15公克	另外再加約2 公克）	

調味料

鹽　　　1/2小匙

幸福の足跡

1 芋頭去皮切薄片,加1/2小匙鹽,隔水蒸熟,取出趁熱加玉米粉搗成芋泥。

2 取約4公克棗泥和少許松子,揉成小條狀。

3 取少量芋泥,包入棗泥和松子,搓成小而長的橢圓狀。

4 在表面撒上一些玉米粉(外加約2公克)。

5 取一點麵線纏繞在芋泥表面。

6 入油鍋,炸至麵線金黃。

巧廚私房說

1. 約可做25個芋棗。
2. 上桌時,在芋棗底部可以襯上一片煎過的節瓜,中和芋泥和棗泥的甜度,並增添脆度。也可以在棗泥中增加一些檸檬皮或者蘋果顆粒,甜中加一些淡淡的酸味。

禪心味蕾寄語

炸過的麵線一開始就是個驚喜,隨著酥脆而來的是綿密的芋泥,和甜度進階的棗泥,甜度疊加到一個極致,突然迎來松子的堅果香,絕妙啊!小小的一顆芋棗,也能如此變化無窮!

[無窮幸福]

回鍋什錦

食材

五香豆干	2片

乾香菇	3朵
青椒	1顆
黑木耳	1片（約5公克）
高麗菜	200公克

杏鮑菇	1支
辣椒	1根

調味料

甜麵醬	1大匙
辣豆瓣醬	1大匙
醬油	1小匙

幸福の足跡

1 乾香菇加水泡軟後切薄片,五香豆干切薄片,鍋中加1小匙油炒香豆干及香菇,盛起備用。

2 杏鮑菇切滾刀塊,鍋中加1小匙油炒香,盛起備用。

3 青椒、黑木耳切塊狀,鍋中加1小匙油炒香,盛起備用。

4 用1大匙油將甜麵醬、辣豆瓣醬、醬油等調味料放入鍋中炒香,加1杯水炒勻。

5 將香菇、豆干、杏鮑菇倒入鍋中,再加入高麗菜(切片)、黑木耳、青椒、辣椒(切小片),拌炒至熟即可。

禪心味蕾
寄語

屬家常菜色,特色在於每樣食材保持原始滋味,輕炒之後先分別置於一邊,最後再一起與調味料合炒。頗有眾緣和合之相,分解與整合的過程中,無限可能。

[無窮
幸福]

東坡若

V ──────────── V

食材

冬瓜　一節（約4公分寬）

香菇	10朵
百頁豆腐	一條
瓢瓜乾	一把
青江菜	數條
薑	2片

調味料

醬油	3大匙
糖	1小匙
水	2杯
太白粉	1小匙

幸福の足跡

1 冬瓜去皮,切約長寬4公分,厚0.5公分方塊。香菇泡軟。瓢瓜乾稍洗過。百頁豆腐一條切成十段。將百頁豆腐、冬瓜、香菇各一個疊在一起。

2 取瓢瓜乾一條,將百頁豆腐、冬瓜、香菇綁緊。

3 打雙結,十字交叉處作為背面。

4 鍋中放少許油,爆香薑片,再加醬油、糖及水2杯後,加入綁緊的百頁組合,滷入味,再將太白粉加10CC水,勾薄芡。

巧廚私房說

百頁系列之一:百頁雙拼

1. 百頁兩條,每條切成8段,其中一半用油煎香,加薑片2片、八角兩粒、話梅1粒、醬油1大匙、水1.5杯、糖1小匙,滷至入味。
2. 另一半百頁用油煎香後,用咖喱粉2小匙、薑黃1小匙、鹽1小匙、水1.5杯、鮮奶油或椰漿1大匙,一起煮到入味。
3. 取盤將兩種百頁切片裝盤即可。

百頁系列之二:香煎百頁海苔

亦可採用雙拼百頁同樣的做法;取千張一片,在千張上全部抹上麵糊,鋪海苔,後將百頁包裹起來。再將四面煎至金黃,切片擺盤。

5 將滷好的百頁組合盛盤,將青江菜汆燙後圍邊裝飾即可。

禪心味蕾寄語

百頁堅實、冬瓜清新、香菇厚重老成,藉由韌性十足的瓢瓜乾綁住而疊加一起,仿佛過去、現在、未來此時此刻合而為一,無限延伸與當下,並無差別。

鹽酥山藥

[無礙幸福]

食材

山藥	300公克	豆芽	150公克	辣椒	1小條
		小黃瓜	1條	麵粉	20公克
		芹菜	1小根		
		香菜	1枝		

調味料

| 鹽 | 10公克 |

 幸福の足跡

1 山藥去皮，切成小方塊。

2 在山藥上撒少許鹽，然後在每塊山藥均勻沾上一層麵粉。

3 用平底鍋將山藥兩面煎黃。

4 豆芽摘去頭尾，汆燙過後盛盤。小黃瓜切細絲，放在豆芽之上。然後將山藥排在黃瓜絲上。

5 最後將芹菜、香菜以及辣椒切末，灑在山藥上面即可。

 禪心味蕾寄語

山藥煎過之後，口感很單純，除了清爽酥脆，別無其他。豆芽的搭配，更是一絕，對比且堆疊出不同程度的清爽。夏天食用，心緒為之振奮卻不燥動，進退無礙！

幸﹒福﹒廚﹒房

[無礙幸福]

黃金泡菜

食材

南瓜	150公克	薑	4片	薑片	10公克
		高麗菜	600公克	香油	1大匙
		蘋果	1粒		
		紅蘿蔔	75公克		

調味料

鹽	2大匙
糖	1大匙
蘋果醋	3大匙
檸檬汁	1小匙

 幸福の足跡

1 高麗菜洗淨後瀝乾水分,切約五公分方塊,用鹽輕輕抓勻,靜置約30分鐘。

2 薑切片,紅蘿蔔切片,南瓜去皮切片。取一平底鍋,放1大匙香油,加入薑片爆香,再放入紅蘿蔔片、南瓜片,煎至熟,取出放涼。

3 蘋果去皮切小丁,放進果汁機,加入紅蘿蔔片、南瓜片、蘋果醋、檸檬汁、糖,打成泥狀。

4 將高麗菜瀝乾水分放進保鮮盒,加入做法3之醬汁,拌勻,進冰箱冷藏一天即可食用。

巧廚私房說

1. 可依個人喜好調整蘋果醋、糖之用量。
2. 最佳賞用期為三天,最好在期限內用完,否則出水,味道會變淡。
3. 蘋果亦可改用水梨或香蕉,味道也不錯。

禪心味蕾寄語

南瓜泥遇上醃高麗菜,很是驚艷!作為當家旦角的高麗菜,展現當仁不讓的大器之姿;但有綿密微甜的南瓜泥加上些許蘋果香的溫柔呵護,高麗菜的獨角戲唱起來更圓潤,相互搭配,不論主次,相融無礙。

[無礙幸福]

百香南瓜

食材

南瓜	300公克	小黃瓜	2條	百香果	3顆
		西芹	1片	百香果濃縮果汁	2大匙
		蘋果	1顆	鹽	1大匙＋0.5小匙
		原味優格	1罐		

幸福の足跡

1 南瓜洗淨去籽,切一口大小塊狀,將南瓜放入鍋中用一杯水煮熟。

2 小黃瓜洗淨切小塊,用鹽1大匙稍微抓醃。蘋果洗淨不去皮,切小塊後用1/2小匙鹽,加2杯水稍微浸泡過。西芹切塊,入滾水中汆燙,撈出放涼。將南瓜、小黃瓜、蘋果、西芹一起拌勻盛盤。

3 將百香果切開,取果汁及果肉放入容器中。

4 加入百香果濃縮果汁2大匙,原味優格一盒,攪拌均勻。

5 將調好的百香醬汁淋在南瓜等蔬果之上即可。

禪心味蕾寄語

原來清涼可以如此簡單無礙!汆燙、加鹽拌勻,魔法就這樣自然展現!南瓜甘甜而溫柔,黃瓜、西芹、蘋果清脆且清涼,前後合一,有剛柔並濟之勢;加上百香果和優格,更圓潤了單吃蔬果的青澀。清涼和溫潤並齊,通透無礙!

[無礙幸福]

梅汁栗子

食材

新鮮栗子	600公克
紫蘇梅	3粒
話梅	3粒

調味料

醬油	1大匙
冰糖	1小匙

幸福の足跡

1 新鮮栗子洗淨，用刀將外皮劃開兩刀，讓其容易入味。

2 鍋中加入栗子、紫蘇梅、話梅、醬油、冰糖。

3 加水剛好淹過栗子，開中小火煮至栗子熟透入味。

4 約15分鐘後熄火，再燜一下即可。

巧廚私房說

若要較為入味，可浸泡一夜。

禪心味蕾
寄語

紫蘇梅和話梅的酸汁，透著一份溫潤。栗子雖有硬殼保護，仍被完全征服！當栗子徹底接納異質的梅汁，自己也同時脫胎換骨了！口感的豐富，源於二元對立的消除。

[無礙幸福]

蘆筍燉飯

食材

白米	2杯	蘆筍	50公克	豆漿	150公克	蔬菜高湯4杯約500cc	
		節瓜	50公克	起司片	2片	鹽	1小匙
		黃節瓜	50公克	巴西里	2公克	黑胡椒	1/2小匙
		西芹	50公克	起司粉	2公克		
		蘑菇	150公克	橄欖油	2大匙		

 幸福の足跡

1 白米洗淨。蘆筍留6小段尖端（蘆筍尖汆燙熟），其餘切小丁。節瓜、黃節瓜、西芹、蘑菇切小丁。巴西里切碎。

2 熱鍋加橄欖油，將蘆筍丁、節瓜、黃節瓜、西芹、蘑菇炒香。

3 加入生白米，炒至金黃色，分次加入蔬菜高湯，每次將水分炒乾再加水，再炒乾。

4 加入豆漿煮至九分熟。

5 加鹽、起司片、巴西里碎等調味。

6 炒勻後起鍋盛盤，排入燙熟的蘆筍尖，撒上黑胡椒、起司粉即可。

 巧廚私房說

蔬菜高湯

高麗菜半顆、紅蘿蔔1條、香菇5朵、黃豆芽30公克、海帶1條、水5000CC，中小火一起熬煮約30分鐘。濾渣取湯汁，即為高湯，可隨時備用。

禪心味蕾
寄語

豆漿的加入是關鍵，不只是燉熟各種材料，還浸入了豐富的營養和濃稠的口感。豆漿不像鮮奶或奶油那般搶戲，只是默默地支持、無私無礙放送暖流。

安坑

推廣素食料理先鋒

——J.N.

J.N.的烹飪敏銳度和專業架勢，從她總是第一時間擔任小組掌勺、迅速掌握老師步驟的精髓、流暢教導同組學員老師的做法，足以得見。

原來，在越南時J.N.就已經從事過小吃業，不但對烹飪非常有興趣、具專業洞察力，還有市場實作的商業經驗。定居台灣之後，也在居住當地的道場護持。參與幸福廚房之前，自己已經是一位烹飪老師，常常跟道場信眾分享（越南）異國料理的做法，常年致力於推廣素食的觀念，經驗非常豐富。但是，異國料理畢竟有食材採買的難度，以及文化上一定程度的距離，並不是家家戶戶餐餐可用的選擇。

▲我也是一位大廚來得喲！身手靈敏得嘞！

▼素燴九孔的內餡非常重要！要靜下心來
慢慢揉勻~

安坑國小幸福廚房的課程，對J.N.如此經驗豐富的專業級學員來說，依舊感到獲益匪淺。J.N.最希望的是能夠習得變化菜色的設計靈感。就此而言，她覺得幸福廚房的惠淑老師，實在是太棒了！

對於主廚老師所分享的做法，她會從自己的角度加以分析、解讀，並且思考是否能有更創新的 idea，經過試做，實驗確定方案之後，再和她護持道場的夥伴們分享，成果往往都是佳評如潮，也成為她繼續努力的最大動力。舉例來說，「百花素九孔」，是一道精緻的創意手工菜，惠淑老師主要採用蘑菇為主角。經過思考，J.N.認為，如果大量做的話，成本會比較高，從而改為採用荸薺，成本能夠下降，又能更突出口感的鮮活。J.N.的消化和再製，相當於更精緻化、更市場化主廚老師的菜色，推廣到更大的受眾領域，宛如漣漪效果，使素食料理的影響力不斷向外輻射。 她希望幸福廚房的幸福感，盡可能地讓沒有機會來上課的大家，都有因

▲老師這一道香煎百頁海苔，太有創意了！

緣一起來體驗。

　　她覺得推廣素食的難點，在於觀念的突破，其實只要調味得當，一點也不輸葷食的口感和滿足感，同時還能兼顧健康、自然。但一般人以不善於處理素食食材為由拒絕或排斥素食，她認為透過不斷分享、不斷研發、不斷展示素食創意的無限可能性，完全可以做到深入人心，是很值得努力經營的方向。

　　經過多年投入，J.N.看到現在越來越多人接受並習慣吃素，推廣的成效開始展現，是她最開心的事。

　　談及小學六年級的女兒，媽媽很驕傲地說，她從國小一年級就開始吃素，而且吃得非常乾淨，講究到能夠判別食材的成分，有一點點葷食成分都不接受。 J.N.對素食的推廣，不但向外拓展，也要向下扎根！

▼咦！老師還說了啥？

▲照過來！照過來！大香菇變金黃，我們離成功不遠囉！

▲慶林校長，您不要只在旁邊看啊！加入作戰呀~

▲對嘛！校長也要露一手才行呀~

幸・福・廚・房

安坑

把烹飪禪
帶入家居生活

——B.U.

▲沒有什麼比大家同心協力，一起完成美食，更幸福的了！

原來就全家茹素，二十多年來幾乎都三餐自己煮，很少讓孩子外食的B.U.，對安坑國小幸福廚房的課程，如獲至寶。從第一期開始，就不間斷地一路跟著惠淑老師悉心學習，思考著如何才能像老師一樣，以一雙巧手，千變萬化出各種不同的素食風情。

身材嬌小的B.U.，雖然低調，近距離接觸時，能夠感受她飽滿的正能量，一直非常開心、欣喜地悠遊在幸

▲ 做內餡的時候，要留心，既要飽滿，又不可溢出來，看似簡單的動作，卻也需要相當的用心和細心！

▲最後別忘了壓緊，撇步就在密實度上喲~

福廚房的課堂上。

　　她很喜歡老師用簡單的食材、方法，就能變出色、香、味俱全的美食菜色。老師示範解說時，她習慣先不做筆記，只是專心注意老師的每個動作以及背後的理由，適時輔以拍照記錄。她覺得老師的示範非常細緻、清楚，回到家中，自己邊回想、邊試做一次，搭配照片，加上自己的領悟，整理一套自己的食譜筆記。每每將試做成果和家人分享，孩子們讚歎媽媽又有新發現、新創意時，是她覺得最幸福的時刻。三年下來，功力的累積自然不在話下。

　　功力的展現，在於越來越能掌握處理食材、做法的一些深層思考。例如，「花生豆腐腦」，外觀像豆腐，卻和豆腐一點關係也沒有，其中的食材，主要為花生，但要品嚐之後才能明白其中的奧妙。B.U.的領會，認為這是一道需要細心、需要足夠時間才能成功醞釀的菜，絕對不能著急，太白粉水不能太早調，同時也要慢慢倒入調和，沖得太快，會把漿水沖熟，

凝固效果就會受到破壞。一個「好的作品」，絕對急不來，就是要耐下心來慢慢沉澱。一個細節失誤，可能就會全盤皆敗。不難想見，B.U.在做菜的過程中，已經能夠領略「心和烹飪」之間的動態互動關係，食材慢慢轉變的過程中，同時也在觀照自心的變化——「烹飪禪」已在其中。

B.U.享受幸福廚房課程，還有另外一個原因——堅持健康、天然的原則。每次洗菜、切菜的過程中，習慣會一心不亂地誦念解毒咒。這份用心，就是希望家人或者分享的朋友，能夠食用到最清淨的食物。她相信這樣煮出來的食物會特別好吃，不只是因為持咒效果，更是因為對食用者的關懷和愛心，已經不自覺地的投入於食物之中。

關於幸福，B.U.認為，能夠隨心所欲地做自己喜歡做的事，盡力把它做好，並把成果和所愛的人分享，也讓他們感到喜樂，就是最幸福的事！B.U.從幸福廚房的課程中，讓這樣的幸福，每週都在發生，每期都在累積！

▲做菜完成，對待鍋碗瓢盆也要仔細溫柔，感謝它們~

安坑國小 幸福廚房

安坑國小位於新店，距離碧潭不遠，學校規模相當可觀，志工媽媽團隊的人數更是驚人，平常就慣例地開設許多課程，為志工和社區民眾提供學習新知和社交交流的園地。法鼓山幸福廚房的課程即為其一，課程的籌辦和進行一直得到校方的大力支持，特別是方慶林校長、吳錫源輔導主任和游金治組長，常常抽空來訪甚或長相左右，總能放開懷與君同樂一番。

安坑國小的學員們是很有福氣的。王惠淑老師在法鼓山的主廚經驗豐富老到，從未間斷求新求變，每次課程為能給學員們不斷創新的烹調體驗，課前總是絞盡腦汁，力求細緻地設計菜譜，不放過每一個細節的品質。每次都有令人驚艷的亮點！口碑漸漸打開，安坑國小幸福廚房已經成為秒殺的熱門課程。

安坑國小幸福廚房的成員，老少皆歡。阿媽級的學員，把烹飪體驗當成娛樂一般，不論參與什麼任務都能找到開心點；年輕的媽媽，抱著認真學習的心情，許多人堅持認真做筆記，整理圖片，儼然一本完整的食譜

各位學員要注意喲：香煎百頁時，最重要的是受熱均勻，等它變成漂亮的金黃色就可了。

了。事實上，正是因為整理資料已成體系，才有了出版幸福廚房食譜的緣起。

學員中不乏取得執照之專業級廚師，也有餐飲市場尖兵，當然也有還不太會煮飯的年輕美眉。不論什麼樣的程度和背景，在安坑國小幸福廚房中，都能找到能夠受益之處。惠淑老師的烹飪教室，就像一個沒有分別心的平台，歡迎所有有緣的人一起參與。而她不斷挑戰自我的用心，也讓每個人都在這個大廚房裏得以開心歡樂地烹出屬於自己的那份獨特又共同的幸福！

←↓每次上課，老師和助理老師一早就到，為當天頗為費工的
　功夫菜做課前準備。

↑大家認真專注圍桌看老師示範，這是課程中最精華的
　時刻了！
↗慶林校長看來也是烹飪武林高手！大家引頸期盼！
→笑語不斷——乃烹飪最美之處！

幸・福・廚・房

←同組學員很自動地就會聚集起來，通力合作、
　自動補位、各司其職。

↙今天的素燴九孔，要做到這麼飽滿才行喲！

↑可別小看這刀工，力道要夠，角度要對呢！

↑撒上麵粉這一步，非常重要喲！要細心地撒勻。

→怎麼樣？嘗起來如何？今天的作品還算成功嗎？

↓桌上的食物，都是今天大家一起努力的成果喲~沒有什麼比夥伴們一起享用成果更開心的事兒了！

↗ 老師也來參一「釵」！

→人人稱讚的「左右護法」——左左和右右！默默打點課程所需的一切食材；默默照顧所有學員之所需！

大地唯美篇

　　她像一把火炬，溫熱又溫柔，沒有分別地向身邊的每一個人湧出毫無保留的熱度。

　　她時時刻刻心繫著最愛的家人，走到哪裏都不忘和大家分享愛的能量。

　　生命共同體的家人，是她永遠說不完的情感和故事，不知不覺就在言談中，扮演著家庭倫理的親善大使。

　　家人對她來說，是生命存在的根本！

　　生命多彩豐富、多才多藝、充滿生命力和故事性的天香妙廚——林麗華老師，會做出什麼樣口感的菜餚呢？

　　她和她最愛的家人，一起為大家揭開「大地唯美」的詩篇——這裡有大地，有緊密的親情，有源源不絕的能量！

菜系分為三大項：

「柔情相融踏實」、「熱情遇上包容」、「天地無處不自得」

特色簡介

柔情如水，象徵水大；深耕踏實，表徵地大。此欄各菜的口感融合地大與水大的特質，相融或先後品嚐皆宜，頗具「潤大地」之情懷。

特色簡介

熱情象徵火大，包容象徵地大。此欄各菜的口感具有地大與火大的特質，品嚐具有「暖大地」之情懷。

特色簡介

此欄各菜分別有地、水、火、風四大的特質，其口感特性各有不同，彼此相融成為天地合一、四大調和之情懷。

幸・福・廚・房

天香妙廚──
[幸福推手]

林麗華老師

▲靜靜地微笑，一抹淡淡又親和的知足，散發隱約又踏實的正能量。

　　一接近麗華老師，明顯感到她所散發出來豐沛的正能量。她像一把火炬，溫熱又溫柔，沒有分別地向身邊的每一個人湧出毫無保留的熱度。雖是初次相見，只是站在她身邊，仍有一種親近「母親」般的安定與安全感，不自覺地就會想要向她靠近。

　　經過一段時間的相處，老師的能量場絲毫不退，上課時總是鏗鏘有力，節奏明快，給予助教或學員烹調動作指令，如大將點兵，精確、效率、次第有序，分毫不差；談及食材特性和相待的方式，像對著一手帶大的孩子，總是慈心滿滿。她處事幹練果斷，對人、對大地卻滿是深厚的感情。她時時刻刻心繫著最愛的家人，走到哪裏都不忘和大家分享，與生命共同體的家人，說不完的情感和故事，無形中扮演著家庭倫理的親善大使。家人對她來說，是生命存在的根本！

▲ 靜默溫柔地對待每一顆紅蘿蔔。

　　老師喜歡利用閒暇寫作、繪本創作的習慣，一再表達著她對生命的熱愛，以及對生命的高度敏銳和深邃洞見。她的文字作品不長，短短的人生故事，描繪鮮活，鮮少贅詞，讀來總有讓人陷入沉思的力量。她的繪本作品，風格多元，濃淡皆宜，筆觸細膩，可以感受她心底潛藏著一方廣大、清淨、細緻、不可言說的心靈世界。　創作、家庭、職場和公益，忙碌而平衡，仿佛在世間與出世間，

▲ 完成謝黃醬囉~ 其實很簡單，邀請大家一起來！

幸．福．廚．房

▲老師的左膀右臂，最佳團隊！

不斷來回穿梭，同時也能安住於心底的能量源，一有機會就向外傳播。

生命多彩豐富、多才多藝、充滿生命力和故事性的妙廚，會做出什麼樣口感的菜餚呢？

經營當地著名的餐廳多年，主廚和管理經驗豐富，但對於素食烹調的理解，則是到了法鼓山擔任大寮義工之後，才緩緩植入生命之中，全然不同的視界因此展開──「原來素食也可以非常可口、健康。但是觀念要正確，食材特性要很清楚，哪些特性要用什麼方法、要釋放多久才能讓味道恰到好處，每個細節都不能馬虎，合成加工的東西，盡量不用，不但對身體不好，也影響味覺。」「最重要的，是做菜時的用心，以清淨心、恭敬心、歡喜心、菩提心，專注於當下每個步驟，食物完成之後，他們本身就是會說話的載體。」

還清楚記得當時品嚐老師的「薏仁腰果湯」，直觀感受到的不是酸甜苦辣之別，味道其實很清淡，但卻有一份清清楚楚的「溫柔」。雖然已成為湯頭，但水的清透特性，仍完好如初，並未因其他食材的加入而變得渾濁，水的本質仍清清楚楚地存在，沒有

改變；薏仁、腰果等食材，加入水中熬煮之後，變得柔軟卻也不失本性，仍保有原來的韌度。品嚐當下萌發的是親近大自然的觸動，猶如「一碗一世界、一口一宇宙」，真是不可思議！想來這和做菜時的用心態度，對每一樣食材的理解與思考有關。她的菜單中，所見都是家常、單純的食材，但老師卻很懂得如何讓它們發揮其本然的「自性」。正如老師另一道拿手菜──「乾燒豆干」（詳見天地無處不自得篇，第114頁），乍看非常普通，一口咬下的瞬間，真是喜出望外，即使是豆干也能有如此強勁的「爆發力」！驚喜之餘，開始認識到食物本身的「能量」，透過細緻、正確的對待，完全可以適當保存，透過咀嚼，就能喚醒、活化人們食之知覺。

把人們的品嚐體驗和大地能量進行聯結，離不開老師所堅持的「生命力原則」。她堅信人和自然是一

▲烹調過程中的每一個細節，都要仔細，即使只是攪拌或者盛盤。
Every step matters!

幸·福·廚·房

◀ 中場休息，來杯咖啡，品嚐一下
剛才努力的成果是最大的快樂！
工作之餘，對自己也要溫柔！

體的生態系統，相輔相成，不可分割。處理食材的第一考量，即在於以最少的人工干擾，盡可能保持食物的能量和生命力，這就烹飪來說，並非易事！她大量採用自家（公公婆婆親手種植）菜園裏的作物，堅持生機食材的理念和直接的實踐。即使餐廳工作忙翻天，還是常常到菜園裏幫忙公婆農活。自己種、自己栽，對種植所需付出的辛苦，感受最是真切。

時時親土地的機緣，無形中吸取蘊於天地的能量，了然符應時節的無為智慧，這也使得她隨手拈來盡是盎然生機，對食材的瞭解甚為通透。巧妙地是，在平日烹飪和幸福廚房課程教學，乃至天南寺大寮義工與大眾結緣的過程中，因著這份心念和堅持，使得源於土地的生命力和相應的智慧，被盡可能地保留、傳遞、觸動、延伸、再延伸給有緣大眾，形成「大地唯美」的有力循環。

▲ 老師上課時總是親和溫熱，細心呵護著
每一樣食材，也呵護著每一位學員。

▲麗華老師上起課來宛如天生的演說家，不論是食材、烹飪撇步，還是人生哲理，總是不經意地就侃侃而談起來！聽眾們也都是聚精會神，筆記狂抄！

「大地唯美」的智慧和能量，除了親近大地，背後更蘊藉佛法因緣所迎來的生命契機。面對至親病重離世，佛法的力量為老師打開大無畏心，號召全家人感恩、跪謝即將離世的母親，安定她對生命的不安、恐懼，並幫助她勇敢而圓滿地面對自己生命的終點；在兒子叛逆歷程中的煎熬，也因透過佛菩薩加持而重新找到親子之間的聯結，迷途知返。她見證母親臨終的圓滿，和兒子成長之路的轉折，老師對生命的體悟透入慧心，值遇佛法和善知識的感恩、喜悅之心更是刻骨的！

▲老師很重視對食材改變進程的觀照，並且總是如實展示，邀請大家來感受！

▲Listen, before you speak! 老師總是用心傾聽學員的疑惑！

▲粗活細活一手包！

　　對佛法堅定的根本信念，以及對家人和對土地的深厚感情，老師的生命一步一步走向脫胎換骨；這段與幸福廚房的因緣，也切實履踐了「大地唯美」的幸福哲學！

　　課堂中老師以身作則，溫柔對待每項食材，細心呵護每位學員，對人與土地的深情，表露無遺，邀請大家學習和品嚐各菜時，也能融入對大地唯美的感恩之心，豐富自己的生命內涵！

▲親身指導學員的做法。

柔情相融踏實

栗子豆腐煲

▼ 食材

去殼生栗子	300公克	
板豆腐	800公克（約為2大盒）	
沙拉筍	（真空包）2包	
生香菇	5朵	
薑	1塊	
紅蘿蔔	150公克	
甜豆	120公克	

▼ 調味料

淡色醬油	2大匙
糖	1小匙
白胡椒	1/4小匙
鹽	1/2小匙

幸福の足跡

1 薑切片。紅蘿蔔切塊。沙拉筍切塊。生栗子洗淨備用。

2 鍋中加少許油,小火將薑片爆香,再加入香菇爆香。

3 加入調味料及水700CC,再放入沙拉筍、紅蘿蔔塊、生栗子燜煮入味。

4 豆腐抹少許鹽,切塊,另用平底鍋煎至表面金黃。

5 砂鍋放到爐上加熱,將做法3的成品放入砂鍋,再將豆腐加入,小火繼續煮10分鐘。

6 甜豆先汆燙過,放到砂鍋最上層即可。

妙廚私房說

使用薄鹽醬油,一方面提味,一方面色調不會太黑。

吻大地物語

砂鍋菜總有目不暇給的豐富感,豆腐煲騰騰地熱著卻不顯燥動,關鍵應在給予每個食材足夠的時間釋放他們自己的能量和質地,食材的熱性熱情,被渾然天成地包容和合。

柔情相融踏實

紫蘇梅蜜紅仁

食材

紫蘇梅	6粒	紅蘿蔔	600公克
		熟白芝麻粒	少許

調味料

糖	半杯
白醋	半杯
紫蘇梅汁	1杯

 幸福の足跡

1 紅蘿蔔切滾刀塊。

2 將紫蘇梅6粒及紅蘿蔔放入鍋中。

3 加入紫蘇梅汁。

4 加入白醋和糖，充分拌勻。

5 鍋中加水，水要蓋過食材，以小火熬煮40分鐘，讓紫蘇梅汁和紫蘇梅釋放出甘甜滋味，沁入紅蘿蔔。

6 最後再撒上白芝麻粒。

妙廚私房說

在燜煮20分鐘後，試一下味道，若酸甜度不足，可再酌放白醋及糖。

 吻大地物語

紫蘇梅汁，酸中帶微微的甘甜，柔情而緩緩地沁入紅蘿蔔之中，被給予足夠的時間融合，兩者漸次化而為一，口感有飽滿的踏實感，又不失甜蜜和溫柔。

柔情相融踏實

黃檸檬醃漬紅仁

食材

紅蘿蔔	1根
柳橙	1顆

調味料

橄欖油	1大匙
醃漬檸檬汁	2大匙
黑胡椒粒	少許
醃漬檸檬片	1片

幸福の足跡

1 紅蘿蔔用刨刀刨成細條狀。

2 將柳橙切出果肉並保留湯汁。

3 醃漬黃檸檬切末。

4 將所有材料及調味料放進容器一起拌勻即可。

妙廚私房說

1. 不同形狀的紅蘿蔔，在料理食物時，可豐富美感，帶著檸檬清香，提升免疫力，健康又具風味。
2. 冷藏醃漬一周到二個月內的醃漬檸檬，可以成為取代煮菜的鹽或涼拌的調味聖品。

妙廚私房說

醃漬檸檬的做法

食材

黃檸檬	3粒
粗鹽	80公克

做法

1. 將檸檬切成8片的圓片，或將檸檬垂直切成4等分，再對切成二半，撒上80公克粗鹽，拌勻。
2. 裝入乾淨的玻璃容器內，冷藏醃漬一周到兩個月內即可。

吻大地物語

除了冷藏醃漬的鹽，別無其他。
簡單的鹽，只是讓時間自己去發揮作用，檸檬可以是如此綿綿細細的口感。
她所釋放出來的酸汁，融化了紅蘿蔔，也融化了她自己！

柔情相融踏實

謝黃豆腐

食材

豆腐	1塊（約400公克）
青豆仁	40公克
薑末	15公克

調味料

謝黃醬	400公克
鹽	1/4小匙
白胡椒粉	1小匙
太白粉	1大匙
香油	1/4小匙

幸福の足跡

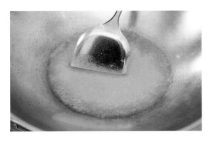

1 鍋中放少許油加熱,放入薑末爆香,再加入謝黃醬及水400CC拌勻煮開。

2 嫩豆腐切小塊,加入鍋中一起燉煮。

3 加鹽及胡椒粉調味,再加入青豆仁煮開。

4 添加太白粉水(太白粉1大匙,水2大匙做成太白粉水)勾薄芡,起鍋前加少許香油提香即可。

妙廚私房說

謝黃醬

食材

紅蘿蔔	600公克
沙拉油	400公克

調味料

豆腐乳	2大塊
糖	2大匙

做法

1. 用湯匙將紅蘿蔔刮成碎片,再用刀剁成碎末。
2. 鍋中放入沙拉油,小火加熱,再放進刮好切碎的紅蘿蔔。
3. 將豆腐乳搗成泥狀,連同糖一起加入油鍋中,和紅蘿蔔小火慢熬(不加水)。
4. 待紅蘿蔔本身的水分慢慢釋放,與豆腐乳完全融合即可。

 吻大地物語 刮碎的紅蘿蔔末,經過小火慢煮,徹底轉變了原來根莖類的特質,踏實質感化為綿密柔情,與嫩豆腐的柔軟,緊密相融。

幸・福・廚・房

柔情相融踏實

薏仁腰果山藥湯

食材

薏仁	300公克	川芎	5片	山藥	600公克
		生腰果	半斤	蓮子	150公克
		紅棗	8粒	當歸	一片
		枸杞	一把		

調味料

鹽	少許

幸福の足跡

1 薏仁事先浸泡一夜，加入川芎一起蒸熟，然後將川芎取出。

2 鍋中加水3800CC，加入薏仁煮滾。

3 再加入蓮子。

4 再加入腰果、紅棗。

5 加入當歸，小火慢煮40分鐘後，加少許鹽調味。

6 再放入切塊的山藥、枸杞，續煮15分鐘後熄火即可。

妙廚私房說

若使用乾蓮子，建議浸泡一晚；冬天寒冷，可用麻油爆香薑片，湯上桌前將麻油薑淋上。

吻大地物語

直觀感受到的不是酸甜苦辣之別，味道其實很清淡，但卻有一份清清楚楚的「溫柔」。

雖然已成為湯頭，但水的清透特性，仍完好如初，並未因其他食材的加入而變得渾濁，水的本質仍清清楚楚地存在，沒有改變；薏仁、腰果等食材，加入水中熬煮之後，變得柔軟卻也不失本性，仍保原來的韌度。

品嚐當下萌發的是親近大自然的觸動，猶如「一碗一世界」，真是不可思議！

熱情遇上包容

香椿堅果炒飯

食材

白飯	1碗	玉米粒	40公克	熟腰果	30公克
		四季豆	4條	杏仁角	20公克
		乾香菇（小）	3朵	薑末	20公克
		枸杞	5公克		

調味料

醬油	1大匙
香椿醬	2大匙
白胡椒粉	5公克

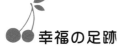
幸福の足跡

1 乾香菇用水泡軟後切小丁。枸杞泡熱水備用。四季豆切丁汆燙備用。

2 鍋中加少許油爆香薑末,再放入香菇丁以小火炒香。

3 加上白飯、玉米粒及四季豆,拌炒均勻。

4 加入醬油、白胡椒粉炒勻,再加入香椿醬炒勻即可。

5 最後放入腰果(壓碎)及杏仁角、枸杞拌勻即可。

妙廚私房說

香椿醬做法

香椿盛產季節,將粗梗摘除,留下嫩葉,與少許油、少許鹽一起放入調理機打勻,最後放入一些香油拌勻裝罐。

香椿素躁醬做法

1. 小麥素片(150公克)和乾香菇(150公克)泡軟,擠乾水分。小麥素片用調理機打成細塊狀。香菇切碎丁。
2. 鍋中放少許油炒香薑末和香菇丁,再炒香小麥素片。
3. 放入水200CC及蠔油5大匙、香油2大匙、糖3大匙,小火煮15分鐘,再放入香椿醬3大匙拌勻即可。

吻大地物語

炒飯本性乾熱,堅果更具徹頭徹尾的堅實硬度,兩者聯手提供堅實感加上高度的熱能。

炒飯畫龍點睛的主角其實是香椿醬,本質為清脆菜葉汁濃縮而成,巧妙保有各自旺盛的熱能,又緩和了食材之間「硬碰硬」的衝突。素燥雖為素食料理的基底,但並非一成不變。

融合香椿醬,除了增加口感的層次,也溫潤調和素燥本身的燥熱之氣,能量場更添平衡契機。

幸・福・廚・房

熱情遇上包容

豆包燜芋頭

食材

生豆包	4塊	芋頭	400公克	茶樹菇	100公克
		金針菇	100公克	芹菜	1株
		鴻喜菇	100公克	薑片	30公克
		珊瑚菇	100公克		

調味料

鹽	1小匙
糖	1小匙
白胡椒粉	1/2小匙

幸福の足跡

1 生豆包先抹少許鹽，用少許油煎至金黃，取出切成四塊備用。
2 將芋頭切塊，放入油鍋炸到金黃色。

3 鍋中加少許油爆香薑片，然後放入炸過的芋頭塊。

4 加水淹過芋頭，以中小火煨煮，煮到芋頭邊角開始鬆軟化開，釋放出澱粉。

5 放入金針菇等菇類及豆包，將切成4塊的豆包置於頂部，再燜10分鐘。

6 放入鹽、糖、白胡椒粉調味，起鍋前撒上芹菜段即可。

吻大地物語

有煎炸，有燜煮，口感層次非常豐富，火烤水潤，融於一處。重要目的在於藉此釋放每份食材的自性、能量以及營養。有蛋白質，有碳水化合物，有蔬菜，一應俱全。只要這一鍋，一餐的能量需求已經得到滿足。天地萬物的存在，何嘗不是如此，只要細心調和，所有的需要也可以只在一瓢之間！

熱情遇上包容

乾燒豆干

食材

豆干（白色）	600公克	八角	6粒
		花椒	3公克
		紅辣椒	1根
		薑	30公克

調味料

二砂糖	100公克
醬油	100公克
鹽	少許

幸福の足跡

1 將豆干對切成三角塊,先用少許鹽醃漬過。

2 紅辣椒去籽切片。薑切片。鍋中放少許油爆香紅辣椒及薑片,爆香後將其撈起。

3 鍋中再放八角、花椒爆香,爆香後將其撈起。

4 鍋中放入二砂糖,小火讓糖煮成焦化狀。

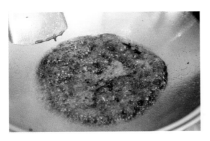

5 加入醬油。

6 放入豆干拌炒至收汁即可。

妙廚私房說

1. 豆干入鍋前用鹽醃一下,比較容易入味。
2. 在拌炒豆干時,鏟子以推的方式攪動,避免豆干破裂。

吻大地物語

豆干看起來再平淡平凡不過,誰能想像經過焦糖化的乾燒之後,豆干在口中竟然能有爆漿的覺受?

乾燒賦予了豆干豐沛的能量,極大化了豆干的能量張力,瞬間即感染全身~

熱情遇上包容

葡汁焗四蔬

食材

馬鈴薯	600公克
新鮮香菇	6朵
紅蘿蔔	半條
花椰菜	半朵
杏鮑菇	3根

調味料

白醬	400公克	起司絲	130公克
鹽	1小匙	義大利式綜合香料	1小匙
糖	1大匙	黑胡椒粒	1/2小匙
咖哩粉	2大匙		

🍒 幸福の足跡

1 將馬鈴薯、紅蘿蔔、香菇及杏鮑菇切塊。花椰菜切小朵汆燙備用。

2 杏鮑菇及香菇用少許油煸過，撒上鹽及黑胡椒粒，盛出備用。

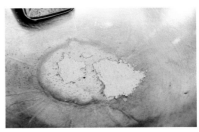

3 鍋中加少油炒香咖哩粉。

4 將馬鈴薯、紅蘿蔔加入鍋中拌勻，加水至蓋過材料煮10分鐘。

5 加入白醬、糖、鹽調勻，再放入香菇及杏鮑菇拌勻。

6 將煮好的成品倒入容器中，放上花椰菜。

7 放入烤箱以180度烤15分鐘；最後放上起司絲及義式香料再烤15分鐘。

妙廚私房說

1. 分兩個時間點烤，主要是烤出成品的層次美感。
2. 白醬做法：用小火融化無鹽奶油（35公克），加入過篩麵粉（35公克），小火炒香麵粉。慢慢倒入鮮奶（250公克）及鮮奶油（250公克），煮到滾（這部分一定要注意火候，容易燒焦，所以小火），再加入糖（20公克）、鹽（8公克）。
3. 白醬分量視主材料多寡而定。建議白醬可以多煮一些，分小包冷凍存放，需要時取用。

吻大地物語

焗烤是含蓄的熱，不外放，不張揚，卻比大手筆翻炒更完整保存能量。各種類型的時蔬，先浸潤再燜烤，遇上凡事包容的百搭白醬，能量續存的同時，不忘穿上鮮亮的咖哩外衣，熱情與包容，裏外兼蓄。

熱情遇上包容

麻香糙米腰果飯

食材

糙米	3杯	小米	1杯	薑	30公克
		生腰果	4兩	豆包	2塊
		香菇	4朵		
		紅蘿蔔	半條		

調味料

| 麻油 | 1大匙 |
| 鹽 | 1/4小匙 |

幸福の足跡

1 糙米和小米用水洗淨後浸泡一夜。生腰果也要用水浸泡一夜。紅蘿蔔切片。

2 生豆包抹少許鹽，用少許油煎至金黃色，取出切成四塊備用。

3 薑切細末，用麻油爆香薑末，加香菇炒香。

4 加入糙米和小米拌炒，再加水約4杯半（因為有糙米，水量要多放）及少許鹽，以小火熬煮10分鐘。

5 將煮好的材料倒入電鍋內鍋。

6 再將生腰果、紅蘿蔔片、豆包等鋪放內鍋中，按下電鍋開關將飯煮熟即可。

妙廚私房說

1. 糙米及小米都需浸泡一夜，否則口感會太硬、太黏。

2. 先以小火煮滾，再放入電鍋煮熟，可縮短電鍋煮熟時間。

吻大地物語

類似燉飯的概念，與眾不同的是糙米的角色。她生來帶硬的質感，食材中本顯得有些突兀，但透過包容所有食材的小火熬煮，足夠的時間和柔性，含納了糙米的豐富營養，也軟化了她原本的格格不入。

天地無處不自得

黃檸檬泡菜

食材

小黃瓜	2根
西洋芹	2片
紅蘿蔔仁（小）	1條
紅辣椒	1根

調味料

白醋	1杯
蜂蜜	4大匙
醃漬檸檬汁	1大匙
醃漬檸檬片	3片
月桂葉	1片

幸福の足跡

1 將紅蘿蔔仁、小黃瓜、西洋芹全部切成長條狀,方便裝入玻璃瓶。

2 將所有調味料加2杯水一起煮沸,水滾之後即熄火。然後倒入杯中備用。

5 入味後再冰存備用即可。

3 將小黃瓜條、西洋芹條、紅蘿蔔條及檸檬片裝入玻璃瓶中。

4 將調味料倒入玻璃瓶內,靜置一晚放涼。

妙廚私房說

醃漬檸檬的做法,請參照(第105頁)黃檸檬醃漬紅仁的說明。

吻大地物語

酸酸甜甜之中,不膩不澀,透著由裏到外徹底的清涼乃至清淨的覺受。
黃瓜和紅蘿蔔數量不多,他們被賦予充分的空間,吸飽飽整瓶滿罐的醃漬檸檬汁,自在而自得地吸收瓶中精華。
一口咬下的瞬間,他們也大方分享清涼的精彩!

天地無處不自得

麻香川耳

食材

乾木耳	40 公克	蠔油	4大匙
紅辣椒	1根	糖	1小匙
薑	30公克	麻油	1大匙
香菜莖	2株		

調味料

幸福の足跡

1 乾木耳浸水約4個小時泡開。

2 將浸泡好的木耳,用滾水汆燙5分鐘。

3 將紅辣椒、薑切細絲,香菜莖切小段。

4 撈起木耳瀝乾水分,趁熱加入蠔油及糖拌勻。

5 淋上麻油,再放薑絲、紅辣椒絲、香菜莖即可。

吻大地物語

以浸泡和時間,還原川耳的「本來面目」,再加上一點點汆燙,就能達到他最大張力的呈現。淋上麻油,增添提味,當下自性、自在,渾然天成,任何加工顯得如此多餘。

天地無處不自得

川辣臭豆腐

食材

臭豆腐	1斤						

香菇	5朵	萬用滷包	1個
花椒	3公克	高湯	1600 CC
乾辣椒	3公克	月桂葉	2片
八角	4粒	熟地	1片

調味料

辣豆瓣醬	1大匙
淡色醬油	3大匙
砂糖	1大匙
白胡椒粉	1小匙
鹽	少許

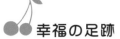
幸福の足跡

1 鍋中加少許油，以小火爆香花椒、八角、乾辣椒，然後用滷包袋裝起備用。

2 鍋中加少許油，以小火爆香香菇，再加辣豆瓣醬、醬油炒勻。

3 加入高湯以及2個滷包（萬用滷和花椒滷包），水滾再加入月桂葉、熟地、砂糖、白胡椒粉、鹽。

4 最後加入臭豆腐，至少滷半小時以上，直至臭豆腐入味。

妙廚私房說

1. 湯汁稀釋可作為臭臭鍋的鍋底，可加入高麗菜、金針菇及豆皮管，或做成湯麵。
2. 花椒、乾辣椒、八角炒過後，需裝成滷包。
3. 高湯做法：高麗菜500 公克、玉米條400公克、乾香菇50公克、黃豆芽250公克、 月桂葉兩片、水2500 CC，小火熬煮40分鐘。

吻大地物語

臭豆腐蘊含著在地的文化情結，和每個人的成長軌跡，有著說不清的千絲萬縷。她或濃或淡各自相宜，酥炸、燜煮，來者不拒，自在逍遙。

一鍋之中，集各種調味料之大成，只為不斷充實臭豆腐的內涵，挑動關於味覺與嗅覺的古早記憶。

關於過去與現在，自得自在，穿梭於一念之間。

天地無處不自得

茄汁燒豆包

食材

豆包	5片

番茄	3粒
九層塔	3公克
薑	20公克
鹽	少許

調味料

番茄醬	2大匙
糖	1大匙
蠔油	1大匙
鹽	1/4小匙

幸福の足跡

1 薑切末,番茄切丁,九層塔切末。

2 豆包內層抹少許鹽,再用油乾煎上色後取出。

3 鍋中加少許油爆香薑末之後,加入番茄丁炒香,加少許水(約50CC),慢火煮出茄紅素。

4 加入1/4小匙鹽、番茄醬、糖、蠔油及九層塔末,慢火煮到入味。

5 將豆包擺盤,將煮好的番茄醬汁盛在豆包上即可。

妙廚私房說

烹飪撇步之千變萬化

若需配飯或夾刈包,可將煎好豆包放入鍋中,慢火滷到入味。將燒好的豆包配飯吃,成放入盛著酸菜、香菜和杏仁角的刈包中。

吻大地物語

發現了嗎?這道菜蘊含著「一包雙吃」的創意,雖然豆包和番茄,基本角色相同,稍稍換個場景,就能有完全不同的口感和面貌。共同熬煮成為鍋菜;加上酸菜、香菜和杏仁角則又是刈包。無限可能,無處而不自得,創意就在一念之間!

幸·福·廚·房

天地無處不自得

南瓜時蔬濃湯

食材

南瓜	半斤

蘑菇	6朵
杏鮑菇	2條
玉米粒罐頭	1小罐
西洋芹	2片

調味料

白醬	300公克
糖	1大匙
鹽	1小匙
黑胡椒粒	1/4小匙
巴西里碎	少許

幸福の足跡

1 南瓜與西芹蒸熟，加入料理機中搗成泥狀。

2 蘑菇、杏鮑菇切成小丁。

3 鍋中加水1400CC先煮蘑菇、杏鮑菇丁，加入南瓜泥，玉米粒拌勻。

4 加入白醬、糖、鹽調味。

5 最後灑上黑胡椒和巴西里碎即可。

 妙廚私房說

1. 亦可放入些許椰奶，加入麵包丁，增加口感。
2. 白醬放入多少，視南瓜的濃稠度決定。鹽、糖適量即可，因為白醬本身已調味過。
3. 白醬做法參照第117頁葡汁焗四蔬。

 吻大地物語

南瓜泥和著各種切丁蔬食，融合成為濃湯，看起來濃稠，其基本元素其實很清新。濃，不見得一定稠；濃，也能彼此緊實相依，和則濃，散則清，可進可退，自在悠遊，無處不自得。

天地無處不自得

野菇義大利麵

食材

義大利麵	300公克	杏鮑菇	50公克	綠花椰菜	150公克
		生香菇	50公克	起司絲	100公克
		蘑菇	50公克	帕瑪森起司粉	
		巴西里碎	適量		35公克

調味料

白醬	250公克
鹽	1/2小匙
糖	1小匙
黑胡椒粒	1/2小匙
義式香料	適量

幸福の足跡

1 將杏鮑菇、生香菇、蘑菇切小片。綠花椰菜切小朵汆燙過後備用。

2 鍋中放水煮滾後,放入義大利麵,水中加入鹽,煮8分鐘後將麵撈起。

3 鍋中放少許油爆香菇、杏鮑菇、蘑菇。

4 放入汆燙過的綠花椰菜,加入1杯至1杯半煮麵水、白醬、鹽、糖調味。

5 加入煮熟的麵條,視乾濕情況,再加入煮麵水,作用在於保持義大利麵的濕潤度,以免太乾,容易膩口。

6 最後趁熱撒上巴西里碎、黑胡椒粒、義式香料、起司粉及少許起司絲,炒勻後即可盛盤。

妙廚私房說

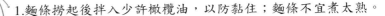

1. 麵條撈起後拌入少許橄欖油,以防黏住;麵條不宜煮太熟。
2. 菇類以熱鍋少油焗出甜度,減少水分滲出,並釋放菇的鮮甜度。
3. 因為煮麵水有加鹽,而且白醬也有調味,故不要一次加太鹹。
4. 先煮醬汁,再煮麵條,義大利麵口感才會好。

吻大地物語

畫龍點睛的是野菇的甜度、水分和菇味。
白醬和調味料的濃稠,乍看是溫潤、襯托麵食口感的要角,但使各種食材和諧融入而長久延續的靈魂人物,卻是散落四處,容易被忽略的野菇鮮味,若顯若隱著悠遊其中,自得其樂!

幸‧福‧廚‧房

萬里

淡淡的日子，就是幸福

——T.A.

T.A.稱得上是熟女級的美女，臉上總是掛著淺淺的微笑；時時自然洋溢著帶有感染力的那種笑容，她的生活想必少不了「幸福」的元素。

擔任萬里國小幸福廚房老師的助理，不論做菜或協助老師時，態度認真、細緻，動作利落，神情專注、旁若無人——讓人放心把事情交給她。

T.A.最初來台是因為工作，卻在職場上遇見先生，就此展開了3年的愛情長跑。經過回印尼訂婚、結婚，才正式定居、扎根台灣，不知不覺轉眼也已經15個年頭了。照顧正值9歲、10歲兩個活潑的孩子，是生活最大的重心。總的來說，T.A.生活單純而喜樂，在新住民夥伴中，算是相當順遂

▲擔任幸福廚房老師的助理，不論做菜或協助老師，態度認真、細緻，動作利落，神情專注、旁若無人——讓人放心把事情交給她。

甚而與眾不同的故事。

　　兩地生活差異對T.A.來說，並不明顯，除了空間較小、天氣較熱之外，適應台灣生活沒什麼大問題。T.A.覺得自己是個很幸運且幸福的女人，和先生之間的彼此信任，同時也賦予了她相對自由的空間，常常出去與朋友聚會，只要告知先生一聲即可，通常不會特別詢問太多細節，自由來去也沒有什麼心理負擔。老公專心負責賺錢，關於家庭預算、開支，甚至報稅和小孩教育等所有的事情，都全權交由T.A.處理。她在家裏的任務，只要顧好家庭、小孩即可，不用擔心家計，外面的事情，由老公操心。她覺得自己的先生人很好，為了她改善原來的不良習慣，讓她覺得很是欣慰，也對他感到放心。

　　閒暇時間，T.A.就已經是個很愛做菜，喜歡東試一下、西嚐一下的快樂主婦。上了幸福廚房的課程後，可供「玩轉」的實驗標的就更多了。T.A.善用家裏現成的材料，融合老師的各種指導和撇步，常常玩出和老師類似，但又有所

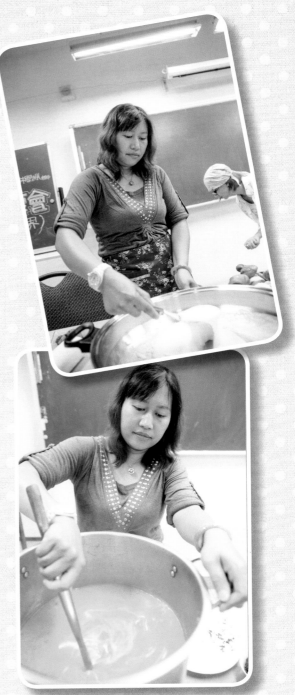

▲她做事慢條斯理，專注當下，似乎也樂在其中。

創新的料理。遇到不懂或者做不出來的瓶頸，她也會主動在LINE群組中請問老師、同學們。從不會到會，增強料理功力，煮給家人吃而得到認同，對她來說是最幸福的事！

生活當中常常有朋友互相支持和學習，包括老家來的朋友、在萬里認識的新朋友、在萬里國小幸福廚房認識的老師和同學，一起分享生活，一起學習新知，生活無所擔憂和掛礙——T.A.對生活感到很滿足、滿意！

除了幸運——能夠遇到相互信任的先生、友善的朋友之外——T.A.懂得感恩、知足、不貪求，懂得學習新知、適時充實自己，懂得惜福！對T.A.來說，幸福不必捨近求遠，眼前的單純、淡淡的日子本身就是幸福。

▲在萬里國小幸福廚房中，也交到許多朋友。大家也喜歡與她親近，閒話家常之餘，也分享美食和幸福！

▲最佳搭檔！

▲ 談起她的生活，她來台的歷程，滿足幸福的笑容，滿溢眉宇之間！

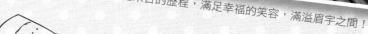

▲ 課程接近尾聲，任務完成之餘，她也是一位賢慧親和的母親。

幸。福。廚。房

萬里

守護家人，守住幸福

——J.J.

▲心在哪裏，家就在哪裏！（林麗華創作）

▲生命的豐富，如此簡單！（林麗華創作）

臉上帶著小小酒窩，笑起來非常甜美，說起話來有一種恬靜的氣質。如果不是經過特別介紹，很難感受到她身為新住民的生命故事。

來台灣的因緣，是源於婚姻。16年前決定從印尼遠嫁來臺，她很清楚這是人生的一場豪賭。不經意地、淡淡地回顧過往足跡，她很慶幸自己並沒有賭輸！

J.J.閩南語能力極佳，只怕比筆者還流利得多；只要不用太深的成語典故，國語的日常溝通幾乎沒有任何障礙。看得出來，她在語言上下了不少功夫，一方面她的學習能力很強；一方面在溝通過程中，先生和夫家大嫂隨時隨地協助解釋和翻譯，也是非常關鍵的助力。對此，她心懷感恩。

家庭環境和家人關係是否和諧，對新住民的角色來說，幾乎百分百決定了在臺的幸福指數。家庭環境稱不上寬裕，經濟壓力其實並不輕鬆，但對J.J.來說，多年來到市場幫忙大嫂或

者自己做生意，雖然非常辛苦，但她覺得只要勤勞儉樸，並非不能克服。她最在乎的，是大她17歲的先生能否理解、支持、協助處理一項項、一件件紛至沓來的人生考驗。

有人曾經問及她會怎麼給先生打分數，J.J.毫不考慮地說，一百分！J.J.認為今天能夠苦盡甘來，過著漸漸穩定、獨立的生活，夫妻之間的關係越來越和諧、有默契，最關鍵的是先生雖然木訥不善表達，但卻懂得理解J.J.的用心，在生活上無條件支持。有這兩點，就完全足夠了！

但這並非一開始就能達成的狀態，他們也經歷過外界對外籍配偶的偏見壓力、夫家親友妯娌之間彼此有意無意的傷害、經歷因為彼此誤解而起的各種爭吵、經過對孩子教養觀念不同的衝突……等。每次爭吵和衝突的當下，對J.J.來說是深不見底、無助、無盡的煎熬。還好，夫妻兩人都很在乎對方，不論多麼激烈，在爭吵之後仍存在可以相互溝通、解釋的空間。經過無數生活事件的磨合，他們終於學會了如何在彼此之間形成生命

共同體的默契，學習不受外界評判的影響，不受鄰里八卦、輿論的左右，只要他們之間能夠彼此信任、同心攜手共進，J.J.就有力量，就有信心，相信什麼樣的困難都可以克服。J.J.對生活所求無他，只要孩子能順順利利、平安長大就好！

儘管如此，心裏還是存在隱約擔心的事，台灣社會的不安定感，除了對於新住民的刻板印象，還有社會本身漸漸轉向彼此的不信任，群體之間的語言暴力說來就來，對此她還是心懷恐懼的。因為先生的性格老實，據說是全萬里公認最「古意」的男人，從來不會和他人起爭執，甚至不懂得保護自己。若遇上麻煩事，只怕會加倍地棘手，對於遇到狀況如何適切求助，且不會因求助反而受到更大的威脅，她是完全沒有把握的。

萬里國小幸福廚房的課程是J.J.很開心結下的因緣。生活除了做生意和照顧家庭之外，於此有了學習新知和社交的空間。尤其是交到許多類似背景的朋友，也認識許多家庭生活場域之外的本地朋友。16年的家庭生

▲ 麗華老師非常讚歎，人人也皆稱道的賢妻良母。

活，讓她覺得自己變得不靈活，對社會環境容易充滿焦慮。幸福廚房的氛圍友善、支持，特別是能有所學習的機會，她渴望重新再變成「有能力的人」，這個課程對她而言是很大的鼓勵。

再過幾年，孩子再大一點，她也希望能有機會出來做義工、上課、自我成長、學習新的知識，也能過一段「活出自我」的生活！

萬里國小 幸福廚房

萬里國小的幸福廚房地處濱海小鎮，社區人情味濃厚，人際氛圍明顯和都會區不同——溫馨、樸實、親近而活絡。

妙廚老師是一位天生的演說家，除了烹飪技巧，還有許多人生哲學的分享，深得學員人心。課堂中學員的學習動機非常強，幾乎人手筆記，不但用心傾聽，而且彼此踴躍討論，和老師之間的QA非常頻繁而精彩。

↑萬里國小幸福廚房的服務股長，總是一早就到，一馬當先挑起所有粗重活兒。

學員紛紛把家裏的小朋友帶來一起上兒童班，用餐時間小朋友人數頗多，全家大小一起來幸福廚房晚餐，成為家居生活的延伸。

烹飪和飲食過程中，注重禮儀和感恩的訓練，也讓親子一同培養禮儀、生活和心靈環保！

→班級助教也不落人後，與服務股長攜手合作打點一切。

←老師的左右手,準備工作也不少。光是整理食材,就是不小的
　工程。

↓課堂還沒開始之前,先來碗溫開水暖暖胃清清腸,閒話家常。

↑老師上課時,總能自然形成眾星拱月的形式,老師溫
　柔細膩,大家凝神注目。

↗今天的幸福菜單——是按圖索驥的美食地圖!

→老師總是會準備一些自製小菜或小點,上課前先讓大
　家品嚐開胃!

141

←除了紙板筆記，電子影像筆記更是快速直接。

✓ 萬里國小幸福廚房的學員和老師之間的QA 對話非常頻繁、精彩！笑聲不斷～

↓學員和老師如出一轍，細心對待處理食材。

↑盛盤，歡樂品嚐時刻之前的序曲，一樣要細緻專注。

↑小組自己練習囉，大家互助合作，你來翻炒，我來加油！你來熱鍋，我來加水！

→法鼓山的課堂，非常重視教室倫理，行禮如
　儀，是一定要的啦！

↓經驗老到阿媽級的學員，也和老師一樣，仔細
　對待烹調的每個步驟。

↗烹飪過程，溫柔仔細之中，常常也需要
　伴隨巧勁兒！

→期待之餘，似乎也有一些好奇！

家家幸福篇

　　人如其名，王秀勤老師不管走到哪裏，總是一刻不得閒，不論是手上正忙的活兒，還是臉上充滿力量的笑容，幾乎沒有停過。

　　歡樂——恣意的歡樂，在「秀勤的廚房」中，俯拾即是！

　　凡事以「家庭概念」為出發的思考方式，也反應到金美國小幸福廚房課程的經營。

　　她把廚房裏每一個人當家人看待，愛護、寬容、嬉鬧、合作，不論是誰，進入她的廚房，就有一份被家人深深擁抱的溫暖和自在，以家庭為中心的定位，無形中也決定了整體廚房的氛圍和菜品的設計。從秀勤的幸福廚房出發，走向的是「家家幸福、老少同樂」的美好時光。

菜系分為四大項：

「晨‧元氣幸福」、「午‧飽滿幸福」、「歸心似箭‧幸福」、
「團圓‧全家真幸福」

特色簡介

秀勤老師的工作是為國小和幼兒園師生製作營養餐，念茲在茲
的都是兒童所需。故以兒童的一天作為脈絡，定位金美國小幸
福廚房的特色。一日之計，在於「晨‧元氣幸福」。

特色簡介

「飽滿幸福」的亮點在於主食的豐富變化和多樣性，同時還有
湯品和副食作搭配。

特色簡介

放學回家路上歸心似箭，剛到家時，一些小點心，就有大幸福
的力道。食材豐富，包括各種烘焙甜點、餅乾、鹹味點心、輕
食、羹湯等。

特色簡介

晚餐時間的菜色適合全家共享，豐富食材的提味尚在其次，家
人藉此所緣而相聚團圓，分享一天的故事，才是重點。

蜜糖喜廚──

[幸福推手]

王秀勤老師

▲ 喜廚難得的恬靜時分──也許在歡樂的外表下，她也有屬於自己的寧靜角落。

　　人如其名，秀勤老師不管走到哪裏，總是一刻不得閒，不論是手上正忙的活兒，還是臉上充滿力量的笑，幾乎沒有停過。「老師」的架子和形象，仿佛被遺忘深鎖，台上台下不期然就一陣歡樂甚至打鬧。來到金美國小幸福廚房教室，更像參加一場有吃有喝、有玩有樂的「同樂會」派對。歡樂──恣意的歡樂，在「秀勤的廚房」中，是俯拾即是的調味料。

　　廚房天地，幾乎伴隨秀勤老師大半人生。從小就圍繞在母親身邊，不論家裏還是母親工作的廚房，小小年紀就頗具最佳幫手的架勢，大人的要求還沒落下，早已主動分擔重活。直到高中時代的打工歲月，也在複合式餐廳的廚房世界中揮灑廚藝的熱情，面對海量工作也難不倒她。長年積極適應環境的成果，便是行事利落，有條不紊，乃至迅雷不及掩耳地完成各種艱巨任務！

▲ 隨時充滿喜感，熱情散播歡樂的喜廚，對待工作其實是很認真執著、利落、一絲不苟的。

　　父母工作忙碌無暇照顧，反而造就了成長環境的開放、獨立和自由，同時也在秀勤生命早期就開始培養照顧家人、朋友們的承擔與成熟。小時候的樂天和韌性，成為這一生受用不盡的資糧！不論後來夫家兄弟一起開餐廳，全家總動員，全心投入，還是到金美國小負責全校所有師生的餐點，乃至最近幸福廚房食譜出書拍攝，雖然辛苦，在一項項偌大任務面前，即使盡力保持低調，她的實力和潛力，仍在不斷承擔當中不自覺累積，甚而「默默」勃發！

▲ 喜廚老師的鐵粉團隊，不論什麼任務，一直陪在喜廚身邊，有老有少，有男有女，一概情義相挺！可見喜廚人緣與魅力無窮！

▲表情豐富的蜜糖喜廚！大家歡樂的源頭~

　　不論娘家或婆家，或成長過程中的鐵粉摯友，走到哪裏都離不開一大家子甚至一大群朋友，凡事共同奮鬥、攜手同進。對秀勤老師而言，家人或他人的需求，總是先於自己個人的存在。她本能、主動地安頓好他人，然後才考慮自己。

　　凡事以「家庭概念」為出發的思考方式，也反映到幸福廚房課程的經營上。她把廚房裏每一個人當家人看待，愛護、寬容、嬉鬧、合作，年齡相仿的像兄弟姐妹，小朋友像自己的孩子、侄子，年長的像自己的長輩。這份以家庭倫理為定位的心念和態度，無形中也決定了整體廚房的氛圍，包括菜品的設計，例如，適合作為早餐的燕麥糕、中餐的奶油燴烏龍、放學後的法式小塔、晚餐的南洋咖喱，一整天的元氣和飽足功能，一應俱全。背後正是顧及全家每一個人不同時間點、不同需求的考量結果。不同對象的各種需求，顯然是在菜品設計之前，清清楚楚，惦記在心的！

對老師來說，幸福廚房課程也是一個集體創作的學習環境，包括自己也是在「做中學，學中做」的過程中，不斷思考食材的搭配和新品的嘗試，許多新意更是從學員的反饋中得到啟發。和學員一起討論，爾後研發菜品，是老師相當開心而有成就感的事情。對於學員來說，也因為能夠時時和老師「切磋」廚藝，班上常有迫不及待想要大展身手，不乏大將之風的人才。 課程進行當中，除了時不時的歡樂之外，也潛藏著另外一個層面的「熱鬧」氣氛，課程的能量因此也形成多元層次的流動動力！

▲秀勤老師面容表情和她的美食作品一樣豐富多彩！

▲熱情之餘，獨立、精實、迅速的喜廚。

　　或許和工作崗位有關，老師念茲在茲的一直是如何讓小朋友們的營養均衡、如何經營全家人相聚的歡樂時光，因此不斷嘗試著豐富多元化的口感，設法展現食材本身亮眼的色澤，讓小朋友第一眼就能愛上，刺激食慾，食後也能充滿飽足和豐沛感。甚至是製作過程也將親子互動的樂趣設計其中，以增進親子關係的和諧為烹飪的功能之一。老師很希望透過幸福廚房的課程，能增加家家戶戶爸爸媽媽的下廚率，讓學員的家庭生活有更多良性互動，小朋友能在更健康活潑的環境成長——同時也是她推廣烹飪的核心思想。

▲秀勤老師充滿戲感的示範，總是引起圍觀和喝彩。

▲試嚐味道的重要時刻，喜廚突然嚴肅起來！

　　看來直接、單純的理念，幾年下來一步一步地堅持和耕耘，的確已漸漸地看出成果，同時正透過幸福廚房課程，向各個學員的家庭中蔓延、發酵、傳遞。最直接的反饋，是來自小朋友們的稱許。當他們興沖沖地跑向秀勤老師，支支喳喳爭相表示老師所教的新菜多麼美味之時，正是她願意繼續努力的最大支持力──還有什麼比給予小朋友童年的幸福回憶更令人振奮的事呢？

▲「友臺」來探班和觀摩！（妙廚團隊）

▲ 主廚老師之間的惺惺相惜！

▲ 喜廚工作中所散發的歡樂感，是大夥兒絕佳的原動力！

▲ 團隊中午不休息，習慣等工作告一段落才用餐！太有義氣了！

◀喜廚引發了小編的學習動機！

　　秀勤的廚房中，除了學員、主婦和小朋友外，有一道非常特別的風景──她的義工團隊兼「鐵粉」們，不分年齡，從年幼到年長，一致無條件情義相挺。那份鋼鐵一般的凝聚力，深深觸動每位新成員。更特別的是，他們彼此之間深厚的情誼，並未對其他人形成排斥力，反而是歡迎、吸納新成員參與整體的團隊。那份不分你我的寬大之心，人與人之間素來而無形的心理疆界，不知不覺地就被融化。即使相處的時間不長，團隊動力中這股自在的力量，不但迅速提升工作效能，成員心中的能量也得到了灌注！

　　從秀勤的幸福廚房出發，走向的是對「家家幸福、人人歡樂」的期待。

▲成果展現，不禁喜上眉梢！連蒙面大盜也笑開了懷！

晨・
元氣幸福

燕麥糕

食材

燕麥片	300公克	蓮藕粉	100公克	腰果	30公克	芝麻	適量
		黑糖	3大匙	核桃	30公克		
		紅棗	30公克	枸杞	30公克		
		葡萄乾	30公克	南瓜子	30公克		

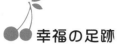
幸福の足跡

1 燕麥片用600CC開水浸泡3小時至軟。

2 紅棗切半去籽備用。

3 泡軟的燕麥片加入蓮藕粉及黑糖一起拌勻。

4 將燕麥片放入果汁機打勻。

5 在容器上鋪上耐熱保鮮膜，在保鮮膜上塗上一層油。

6 將打好的燕麥泥倒入容器中。

7 表面擺上葡萄乾、腰果、核桃、南瓜子、枸杞、紅棗。

8 入蒸鍋蒸約25分鐘，起鍋後撒上芝麻，放涼即可切塊。

喜廚私房說

燕麥可降膽固醇，有助於預防心血管疾病。

**開心
悄悄話**

以燕麥片、蓮藕粉、黑糖為底，撒上葡萄乾、紅棗、腰果、核桃、南瓜子、枸杞、芝麻，一口咬下，食料豐富不暇給，卻又清爽順口，飽足又營養豐沛，還有什麼比燕麥糕更好的早餐呢？

晨・
元氣幸福

翡翠鬆餅

食材

低筋麵粉　270公克

奶粉	30公克	菠菜	100公克
牛奶	225公克	素火腿	60公克
奶油	75公克	糖	20公克
酵母	6公克	鹽	3公克

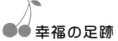
幸福の足跡

1 菠菜洗淨切成細末,加入6公克鹽抓軟,約10分鐘,將水分倒乾,用開水洗去鹽分,利用網篩把水分瀝乾。

2 素火腿切細丁備用。

3 低筋麵粉、奶粉同時過篩備用。

4 鋼盆中加入牛奶、鹽、糖拌勻。

5 加入低筋麵粉、奶粉及酵母攪拌均勻。

6 最後將軟化奶油加入拌成麵糊,蓋上保鮮膜,發酵30分鐘。

7 發酵完成之麵糊放入菠菜及素火腿拌勻。

8 將鬆餅機預熱完成。舀入一大匙麵糊,約3-5分鐘即可。

開心
悄悄話

鬆餅常常成為早餐的首選,以菠菜作為內餡,透著鹹味的鬆餅,嚐來更有一種青春的活力,不易陷在甜膩中無可自拔。考慮孩子的營養均衡,大人安心,小孩歡喜!

晨・
元氣幸福

千層壽司

食材

白飯	6碗		
紅麴粉	1大匙	黑芝麻	適量
小黃瓜	2條（約100公克）	沙拉醬	1條（中）
素香鬆	1碗	紅豆支絲	1包
黃蘿蔔	1條（約100公克）	沙拉油	2大匙

喜廚私房說

1. 示範所用的模型為烘焙用的活動蛋糕模，取出壽司時需從底部托住，往上推出，即可將蛋糕模取下。

2. 以上食材總量9吋蛋糕模一個。食材量根據模型和白飯量而定。紅麴飯鋪平一定要緊實，切開時才不易散開。

幸福の足跡

1 小黃瓜及黃蘿蔔切片備用。沙拉油加熱後倒入紅麴中拌勻，成無顆粒狀。

2 將紅麴油和白飯拌勻，成為紅麴飯。

3 將保鮮膜鋪入模型中，取1/5紅麴飯放入模型，鋪平壓緊。

4 擠一層沙拉醬，沙拉醬均勻塗抹之後，再鋪上1/2素香鬆。

5 再擠一層沙拉醬均勻塗抹之後，再鋪上1/5紅麴飯，鋪平壓緊。

6 再擠一層沙拉醬，沙拉醬均勻塗抹之後，再鋪上2/5紅豆支絲。

7 再擠一層沙拉醬均塗之後，再鋪上1/5紅麴飯鋪平壓緊。

8 重複做法4~7的動作。

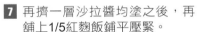

9 最後在表面擠上少許沙拉醬抹勻，擺上黃蘿蔔。

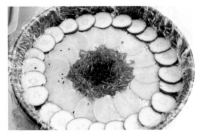

10 放上小黃瓜，中間放上剩下的紅豆支絲和黑芝麻。

11 隔著保鮮膜將壽司壓緊，再從模型中取出即可。

開心
悄悄話

壽司，仿佛可隨處移動的輕便當，所有營養和能量所需在一口之間具足，急急忙忙的晨間時光最適合食用。「千層」的處理，堪稱一絕！想要什麼樣的美味和營養，隨意、恣意發明！

晨·
元氣幸福

味噌四寶湯

食材

海帶結	1碗	粗細味噌	各1包（各100公克）	高麗菜	半個
紅蘿蔔	1條			甘蔗	1段
玉米	2條	黃豆芽	300公克		
百頁結	200公克	乾昆布	1條（可根據個人喜好調整分量）		
生香菇	6朵				

調味料

糖	1大匙
醬油	2大匙
香油	1大匙

幸福の足跡

1 將昆布、高麗菜、甘蔗一起放入鍋中,加水2000CC,熬煮約15分鐘,過濾出昆布高湯備用。

2 紅蘿蔔、玉米切塊。海帶結、百頁結汆燙過備用。生香菇表面刻花備用。

3 粗細味噌加100CC水調勻備用。

4 鍋中放入昆布高湯1600CC,加入紅蘿蔔、玉米、海帶結、百頁結、生香菇一起煮30分鐘。

5 將調好的味噌加入鍋中。

6 將黃豆芽加入鍋中煮熟。再加入糖及醬油調味,最後滴上香油即可。

開心悄悄話 本道湯品富含維他命B群和人體所需的胺基酸,調整消化功能,其實比奶茶、咖啡之類,更適合作為早餐的搭配,頗具智慧的選擇!

161

午・
飽滿幸福

北方大餅

食材

中筋麵粉	600公克	細糖	40公克
酵母粉	6公克	鹽	3公克
		沙拉油	30公克
		老麵	300公克

調味料

香油	2大匙	花椒粉	1大匙
鹽	適量（最後調 味用，根據個 人喜好調整）	胡椒粉	1大匙
		沙拉油	2大匙
		白芝麻	30公克

1 酵母粉用100CC溫水調開拌勻（溫度保持約30度左右，以防止酵母燙死）。

2 將麵粉、老麵、細糖、鹽3公克放入盆中，加入酵母水及溫水200CC攪勻。

3 揉至均勻成糰。

4 倒入沙拉油，將麵糰揉到呈現三光狀態（手光、盆光、麵糰光），蓋上保鮮膜，靜置發酵40分鐘。

5 將麵糰分成兩份。

6 將麵糰先壓平，再擀成長方形。

7 用刷子在表面塗上香油。

8 撒上胡椒、鹽、花椒粉，從邊邊將麵糰捲起來，捲成長條狀。

9 再將麵糰捲成圓形，蓋上保鮮膜，靜置發酵30分鐘。

喜廚私房說

1. 老麵的製作方式：酵母粉2.5公克與水115公克先攪勻，再加入中筋麵粉190公克及鹽1.5公克攪成麵糰狀，蓋上保鮮膜，放入冰箱低溫冷藏發酵4小時備用。
2. 老麵可防止老化，增加成品彈性及麵香。
3. 以上分量大約可做600公克大餅2個。
4. 烙餅時3~4分鐘翻一次面，直至兩面金黃。中間要蓋鍋蓋燜，以免麵糰中間不熟。

10 將麵糰表面噴少許水，沾上芝麻，用擀麵棍擀大擀扁一點。

11 平底鍋中加少許油，將餅放入鍋中用小火烙熟。

開心
悄悄話

果然是「大餅」，一出場就帶來北方的大氣、霸氣，豐厚扎實，不虛晃花招，唯一飽滿。加入老麵麵糰，卻是粗中有細之處，除了增添嚼勁，營養價值更豐富，更體會出老師細緻的用心。

163

義大利麵焗烤
茄汁番茄盅

午·
飽滿幸福

食材

洋菇	150公克	通心麵	500公克	木耳	半碗
玉米粒	300公克	牛番茄	4粒	太白粉	2大匙
素肉丁	1碗	花椰菜	2朵		
毛豆仁	1碗	起司絲	少許		

調味料

番茄醬	2碗
烏醋	2大匙
鹽	1小匙

幸福の足跡

1 洋菇、木耳切細丁。素肉丁用水泡軟後切丁。花椰菜切小朵，汆燙後加1小匙鹽調味。

2 牛番茄切半，挖出果肉備用。挖出的果肉切碎備用。

3 鍋中放少許油，爆香洋菇。

4 再加入番茄果肉、及番茄醬，一起拌炒。

5 再加入素肉丁，加水2000CC，燉煮成醬。

6 起鍋前倒入木耳、玉米粒、毛豆仁及烏醋，用少許太白粉水（2大匙太白粉，50CC水）勾芡即成醬汁。

7 另煮一鍋水，加少許鹽巴，水滾後倒入通心麵煮約8分鐘撈起，將通心麵倒入醬汁中拌勻。

10 在每個番茄盅上加1小朵花椰菜裝飾即可。

8 將通心麵填入切半的牛番茄中，表面撒上起司絲。

9 將番茄盅送入烤箱，以200度約烤10-12分鐘，表面上色即可。

開心
悄悄話

再好吃、再營養的食物，也要先引人注意。番茄盅的設計，極度吸睛。靚麗外殼足以讓小朋友迫不及待，先嚐為快。為小朋友可能挑食的材料，完美護航！

午・
飽滿幸福

奶油鮮菇燴烏龍

食材

鴻喜菇	100公克	黃椒	半個
美白菇	100公克	蘆筍	1把
紅蘿蔔	半條	炸豆包	5片
高麗菜	半個	烏龍麵	1斤
紅椒	半個	西芹	1/4顆

奶油	100公克
麵粉	100公克
鮮奶	200公克

調味料

鹽	1大匙
胡椒	1小匙
七味粉	適量

幸福の足跡

1 奶油放入鍋中加熱融化，加入麵粉炒香。

2 加入鮮奶拌勻，分次加水（共800CC）拌勻煮滾即成白醬。

3 鴻喜菇、美白菇洗淨撥成小株狀。紅蘿蔔、紅椒、黃椒，切細條狀。高麗菜切小片。蘆筍切斜段。西芹切丁。豆包煎香後切塊備用。

4 紅椒、黃椒、蘆筍、烏龍麵燙熟備用。鍋中放少許油放入紅椒、黃椒炒熟，盛起備用。

5 鍋中放少許油放入紅蘿蔔及西芹炒香，再放入鴻喜菇及美白菇炒勻。

6 加入高麗菜炒勻。

7 加入白醬煮滾。

8 最後加入烏龍麵炒勻，加1小匙鹽及胡椒調味即可盛入碗中。

9 將紅椒、黃椒、蘆筍、豆包放入碗中，再撒上七味粉即可。

開心悄悄話

經過一早上的課，飢腸轆轆的渴望，要用什麼來滿足呢？白醬的豐富熱量，加上鴻喜菇、美白菇、紅蘿蔔、高麗菜、紅椒、黃椒、蘆筍等的維生素、礦物質，齊聚一堂，最後加入烏龍麵，飽滿幸福又營養，原來如此唾手可得！

午・
飽滿幸福

智慧糕

食材

長糯米	半斤	海苔	3張
		糯米粉	1杯半
		在來米粉	1/2杯
		香菜	1根
		辣椒	1根

調味料

鹽	1小匙	醬油膏	2大匙
胡椒粉	1小匙	甜辣醬	2小匙
香油	3小匙	花生粉	1碗
素沙茶	1小匙		

168

幸福の足跡

家家幸福篇

1 海苔剪成小片,加1杯水泡軟備用。

2 糯米洗淨,泡水1個小時,瀝乾水分備用。

3 將糯米加到泡軟的海苔中拌勻。

4 加入1小匙鹽、胡椒粉拌勻。

5 加入在來米粉及糯米粉拌勻。

6 取一容器,鋪上耐熱保鮮膜,用刷子塗上一層香油防止粘黏。

7 倒入拌好的米料。

8 將米料鋪平抹勻,放入蒸籠中蒸25-30分鐘。

9 將智慧糕放涼切塊,放入鍋中加香油、素沙茶、醬油膏炒勻後盛盤。

10 撒上花生粉,再加點香菜末、辣椒片裝飾即可。

開心
悄悄話

素食版的米血糕,比原版更出色!以海苔代替米血,升華了清淨,也提高了營養,一舉兩得。不得不說,護生的一念善心,推衍無量「智慧」!作為午餐的副食,與主食相得益彰!

午・
飽滿幸福

紅燒湯

食材

白蘿蔔	1條	紅蘿蔔	2條	番茄	3粒
		素香菇頭	600公克	蘋果	半顆
		皮絲麵捲	200公克	拉麵	600公克
		花椰菜	1朵		
		薑片	10片		

調味料

萬用滷包	1包
豆瓣醬	3大匙
醬油	2大匙
冰糖	1大匙
番茄醬	2大匙

幸福の足跡

1 皮絲先泡軟。素香菇頭泡水浸軟後剪成適當大小。白蘿蔔、紅蘿蔔切滾刀塊。花椰菜洗淨。蘋果、番茄切塊備用。

2 鍋中加少許油爆香薑片,再放入白蘿蔔、紅蘿蔔炒勻。

3 再加入番茄、蘋果、皮絲炒勻。

4 加入豆瓣醬、醬油、番茄醬炒勻,加水3000CC熬煮。

5 放入冰糖。

8 要搭配麵條食用時,將麵條煮熟盛碗,舀上紅燒湯,擺上燙熟的花椰菜即可。

6 放入滷包。

7 加入香菇頭燉煮至熟即可。

開心
悄悄話

堪稱素食料理經典的紅燒湯,緩緩地將根莖類食材的能量,釋放於深色的滷汁之中,靜謐、豐滿而低調。
襯托著午餐主食,乾濕平衡,在飽足和放鬆之間,互為表裏。

午·
飽滿幸福

羅宋湯

食材

高麗菜	半粒	馬鈴薯	2個	木耳	2朵
		番茄	2個	四季豆	6根
		洋菇	150公克	太白粉	1大匙
		紅蘿蔔	1條		

調味料

番茄醬	2大匙
黑胡椒	1小匙
鹽	1大匙

幸福の足跡

1 高麗菜、馬鈴薯、番茄、洋菇、紅蘿蔔切丁備用。

2 四季豆、木耳切丁後先用水汆燙熟撈起備用。

3 鍋中放入少許沙拉油,先炒香洋菇,再加入番茄炒勻。

4 加入高麗菜、馬鈴薯、紅蘿蔔炒勻,加入水1000CC,慢慢熬煮30分鐘。

5 加入番茄醬、鹽、黑胡椒調味。

6 加一些太白粉水(1大匙太白粉,1大匙水)勾薄芡,撒上汆燙好的四季豆及木耳丁即可。

開心悄悄話

羅宋湯與紅燒湯,一西一中,卻頗有異曲同工之妙,是適合不同季節,彼此相互替換濃淡口感的好姐妹!羅宋的特色則更為簡潔、清爽、淡雅。

午・
飽滿幸福

香菇油飯

食材

糯米	1斤
香菇	8朵
皮絲	1碗
熟花生	半碗
青豆仁	半碗
紅蘿蔔	半碗

調味料

深色醬油	1碗	麻油	3小匙
胡椒粉	2小匙	薑	適量
糖	1小匙		
鹽	1小匙		

家家幸福篇

幸福の足跡

1 糯米泡水4小時，瀝乾水分放入木桶，蒸約30分鐘。

2 薑切末。香菇、皮絲泡軟切丁。紅蘿蔔切丁。青豆仁、熟花生預先汆燙過。

3 鍋中放入麻油，以小火將薑末爆香，放入香菇炒香。

4 再放入皮絲、紅蘿蔔一起拌炒。

5 加入深色醬油、胡椒粉、糖、鹽調味，再加入水1000CC煮成醬汁。

6 加入花生、青豆仁一起煮滾，然後盛起備用。

7 將蒸熟的糯米飯倒入鍋中，加入炒好配料的醬汁拌炒（拌炒時注意適時調整醬汁，不一定全部都入鍋）。

8 再加入配料炒勻即可。

開心
悄悄話

油飯的主題總是和節慶攜手出場，是大團圓、大歡樂時刻的吉祥物。做為日常中餐，有助於提振工作情緒、精力！為今天的努力，加把勁！

幸・福・廚・房

歸心似箭
幸福

法式小塔

食材

塔皮		甘娜許		卡士達醬		鮮奶油
奶油	125公克	動物性鮮奶油		卡士達粉	50公克	打發的動物性鮮奶油
糖粉	100公克		200公克	鮮奶	150公克	200公克
牛奶	50公克	巧克力	100公克	水果適量		果醬適量（裝飾用）
鹽	5公克	杏仁角	30公克	（裝飾用，依個人需要）		
低筋麵粉	250公克	（裝飾用）				

176

 幸福の足跡

塔皮

1 奶油軟化加糖粉、鹽，用按壓方式拌勻。

2 慢慢倒入牛奶攪勻。

3 低筋麵粉過篩後加入其中拌合成糰，揉成光滑麵糰，但不要攪拌過度，以免出筋。

4 將麵糰靜置20分鐘，再擀成0.5公分厚的長方形。

5 用圓形模型壓出圓形麵皮。

6 將麵皮放入塔模中按壓緊實。

7 用叉子在塔皮底部叉洞。

8 放入烤箱以180℃烤12分鐘，直至表面成金黃色，此時則塔皮烘烤完成。

9 分別填入下列三種餡料的一種並加以裝飾。

 開心悄悄話

下課鈴響，滿心迫不及待，有點餓，有點激動，這時候需要的只是一點點的補充，一點點的甜，一點點的幸福。只要一點點，就有滿滿幸福。

甘娜許（巧克力口味小塔）

1 動物性鮮奶油隔水加熱，倒進巧克力。

2 溶化後即可填入塔皮內，再放上杏仁角裝飾。

鮮奶油（果醬口味小塔）

1 將打發的鮮奶油填入塔皮內。

2 再擠適量果醬裝飾。

卡士達醬（水果口味小塔）

1 卡士達粉加冰牛奶攪至濃稠狀。

2 填入塔皮內，再放上切片水果裝飾。

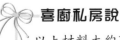 **喜廚私房說**

以上材料大約可做18公克小塔30個。

歸心似箭
幸福

地瓜包

食材

外皮		內餡				裝飾	
蒸熟地瓜	1斤半	麵輪	1碗	胡椒粉	1小匙	黑芝麻	少許
糯米粉	半斤	筍乾	1碗	香油	1小匙		
地瓜粉	半斤	香菇	10朵	糖	1小匙		
糖	3大匙	碎蘿蔔乾	半碗				
油	3大匙	素蠔油	3大匙				

家家幸福篇

幸福の足跡

1 地瓜去皮切片蒸熟。

2 趁熱加入糯米粉、地瓜粉、糖、油，揉成麵糰。

3 將地瓜麵糰揉至光滑備用，用保鮮膜蓋住揉好麵團，防止風乾。

4 麵輪、筍乾、香菇、碎蘿蔔乾泡水變軟化，切丁備用。

5 鍋中加少許沙拉油，將餡料食材炒熟，加入素蠔油、胡椒粉、香油、糖炒勻，放涼備用。

6 將地瓜麵糰分成30個（每個約50公克）。

7 取一個麵團，用手慢慢捏大壓平，包入內餡。

8 將外皮慢慢收緊。

9 外皮用刀背壓出線條。

10 頂端放上少許黑芝麻，入蒸籠蒸約15-20分鐘即可。出爐後表面上可用刷子塗上一層沙拉油。

開心悄悄話

放學回家路上，若干小點在手，其樂無窮！皮薄餡多的地瓜包，更蘊藏著中式小點的智慧，飽足、健康、美味具足！

喜廚私房說

大約可做每個50公克地瓜包共約30個。

179

歸心似箭
幸福

鹹味起司馬芬

♥ 食材

沙拉油	120公克	奶水	180公克	小蘇打粉	3公克	紅椒粉	1小匙
		細砂糖	20公克	玉米粒	100公克	起司片	5片
		低筋麵粉	200公克	毛豆仁	50公克	起司絲	50公克
		泡打粉	8公克	紅蘿蔔	100公克	煙燻皮絲	50公克

 幸福の足跡

1 紅蘿蔔切絲。毛豆仁汆燙過撈起備用。煙燻皮絲浸水泡軟後切細丁備用。

2 起司片切小塊。

3 鍋中放少許油，放入紅蘿蔔絲拌炒，炒軟後加入皮絲拌炒。

4 再陸續加入玉米粒及毛豆仁拌炒均勻備用。

5 盆中放入沙拉油、奶水、細糖攪拌均勻。

6 將麵粉、泡打粉、小蘇打粉、紅椒粉同時過篩入盆中。

7 一起攪拌成均勻的麵糊。

8 加入起司丁，再加入做法4炒好的配料一起拌勻。

9 將麵糊裝入擠花袋，擠入模型中，八分滿即可，上面撒上起司絲。

10 送入烤箱，以180度烘烤約20~25分鐘。

11 烤至表面成金黃色即可。

喜廚私房說

1. 所有食材都要瀝乾水分。
2. 大約可做80公克馬芬10個。
3. 不用調味，食材內即有鹹味。

 開心悄悄話

一口一個馬芬，也是放學路上的好朋友。鹹味材料內涵的無限可能，則是放學路上，一定要和同伴分享的驚喜！

歸心似箭
幸福

椒麻豆包卷

食材

豆包	6片
杏鮑菇	3條
地瓜	1條
小黃瓜	2條
高麗菜	1/4顆
紫高麗菜	1/4顆

調味料

胡椒鹽	2大匙

醬汁

薑末	2大匙	胡椒粉	2大匙
香菜根	半碗	花椒	少許
辣椒	1條	烏醋	1大匙
糖	3大匙	檸檬汁	1大匙
醬油	3大匙	芝麻	1大匙
香油	1大匙		

1 高麗菜及紫高麗菜切細絲泡冰水，然後瀝乾水分，舖於盤底備用。將少許油加熱後倒入裝了花椒的碗中，放涼後濾出花椒油備用。

2 小黃瓜利用刨刀刮成長薄片。　　　**3** 地瓜去皮切片。杏鮑菇切長片。香菜根及辣椒切末。

4 平底鍋放少許油，分別將地瓜、杏鮑菇、豆包煎至熟，表面呈金黃色，撒少許胡椒鹽調味。

  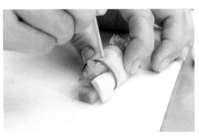

5 將地瓜、杏鮑菇、豆包切成長約5公分的寬條狀。　**6** 取一條小黃瓜片，上面擺上豆包、杏鮑菇、地瓜各1條。　**7** 用小黃瓜片將豆包、杏鮑菇、地瓜包捲起來，再插入牙籤固定住開口處。

8 容器中放入香菜根末、辣椒末、薑末、糖、醬油、香油、胡椒粉、花椒油、烏醋、檸檬汁、芝麻拌勻，即成醬汁。

9 將做好的豆包捲排在高麗菜絲上，淋上調好的醬汁即可。

🎀 喜廚私房說

1. 檸檬汁可依個人對酸度的接受度增減。
2. 此醬汁亦可拌麵，或當夏日涼拌菜的醬汁，非常開胃。

開心
悄悄話

豆包捲是精緻型的設計，放學路上的輕食選擇。清新淺嘗，晚餐的最佳前菜！

歸心似箭
幸福

牛蒡龍鳳腿

食材

蒸熟馬鈴薯泥	半斤	蒸熟芋頭泥	半斤	玉米粉	5大匙
		香菇	半碗	牛蒡	1根
		素火腿	半碗	麵包粉	50公克
		紅蘿蔔丁	半碗	素沙拉	半碗

調味料

鹽	1小匙
糖	1小匙
香油	2小匙
胡椒粉	1小匙

幸福の足跡

1 香菇切除蒂頭切絲。素火腿切丁。

2 牛蒡去皮切成長條狀,再泡水以防止氧化變黑,汆燙備用。

3 將蒸熟的馬鈴薯泥、芋頭泥和香菇、素火腿丁、紅蘿蔔丁放入容器中,用手攪拌均勻。

4 加入玉米粉及調味料拌勻。

5 取適量薯泥,略壓扁後包入牛蒡條,捏成龍鳳腿形狀。

6 用刷子在龍鳳腿表面刷上沙拉醬。

7 在龍鳳腿表面沾上麵包粉。

8 入油鍋炸至金黃色即可。

喜廚私房說

以上分量大約可做12-15支。

**開心
悄悄話**

比豆包卷更低調的精緻型小點,所有的食材化為一體,你泥中有我,我泥中有你。透過一點點酥炸,緊密結合一切微細食材。一口咬下,綿密與酥炸之間,身心滿足!

幸。福。廚。房

歸心似箭
幸福

雙味司康

食材

無鹽奶油　150公克

泡打粉	18公克
低筋麵粉	600公克
鮮奶	360公克
蔓越莓乾	100公克
起司片	10片

調味料

鹽	6公克
細砂糖	90公克

幸福の足跡

1 低筋麵粉過篩至鋼盆中,再加入泡打粉、鹽、細砂糖拌勻。

2 奶油不必軟化,切細丁後加入鋼盆中。

3 將奶油和粉料混合,成鬆散狀態。

4 鮮奶倒入,以按壓的方式混合成無粉粒麵糰。

5 麵糰靜置30分鐘,略微擀平成長方形。

6 麵糰上加入蔓越莓,用擀麵棍擀成較大長方形。

7 將麵糰長度較長的兩邊向內對摺。

8 再將麵糰長度較短的兩邊向內對摺。

9 再用擀麵棍擀成較大長方形。

10 重複做法7~9三次,最後擀成厚約2.5公分的麵皮。

11 用模型壓出造形。

12 放在舖了烘焙紙的烤盤上,送入烤箱,以200度烘烤15分鐘。

喜廚私房說

1. 另一種起司口味,做法程序相同,只在加入蔓越莓時,改為起司(切小塊)即可。此外皮分量可做20個,10個做蔓越莓,10個做起司口味。

2. 總共大約可做60公克司康20個。

開心悄悄話

起司、奶油的高熱量,隱身在鬆軟口感的糕點之中,緩和了厚重質感,卻充分地為小朋友準備好能量,為疲憊忙碌的一天,補足消耗的熱能。

鮮蔬餡餅

食材

餅皮			
中筋麵粉	600公克		
熱水	200CC（70度以上）		
冷水	160 CC		

內餡			
乾香菇	8 朵	豆腐	2塊
高麗菜	1個	鹽	1大匙
紅蘿蔔	半條	醬油	1大匙
素火腿	100公克	胡椒粉	1小匙
榨菜	100公克	香油	1大匙
冬粉	3把	糖	1小匙

幸福の足跡

家家幸福篇

麵皮

1 麵粉倒入盆中,慢慢沖入熱水。

2 利用筷子拌成鬆散的麵糰。

3 接著加入冷水和鹽,將材料混合均勻,揉至三光狀態(手光、麵光、盆光)。

4 靜置20分鐘,分割成15等分。

內餡

5 冬粉泡軟剪成小段。高麗菜切碎後,加入少許鹽抓軟並去除水分。乾香菇泡軟切絲。紅蘿蔔、榨菜、素火腿切絲。豆腐壓成泥備用。

6 鍋中放少許沙拉油,將香菇、素火腿爆香。

7 放涼後加進高麗菜、泡軟的冬粉,紅蘿蔔、榨菜、豆腐泥等。

8 加入鹽、醬油、胡椒粉、香油、糖調味,拌勻即可。

包餡

9 1將麵皮擀成圓型。

10 填入餡料。

11 慢慢將麵皮捏起來,逐漸將餡包起來。

12 最後收口時要按緊麵皮。

13 平底鍋中放沙拉油,將餡餅放鍋中,收口朝下,用小火煎3-5分鐘即可翻面,直至兩面金黃。

喜廚私房說

1. 麵粉吸水性會因天氣不同,加冷水時不要一次全倒下,最後預留一點。
2. 以上材料約可做80公克餡餅10個。

開心悄悄話

放學之後,有時候能把人餓到發慌,地瓜包或司康、馬芬若力道不足,那麼就是鮮蔬餡餅登場的最佳時機,保證飽足!

歸心似箭・幸福

珍珠豆腐羹

食材

嫩豆腐	1盒	珍珠菇	1罐（約350公克）	薑	1小塊
		紅蘿蔔	1條	乾香菇	8朵
		美白菇	1包	秋葵	10條
				素蝦仁	1碗

調味料

鹽	1小匙
胡椒粉	1小匙
太白粉	1大匙
香油	1小匙

幸福の足跡

1 薑切片。乾香菇浸水泡軟切小丁。嫩豆腐、珍珠菇、美白菇、素蝦仁切小丁。秋葵汆燙至熟放涼切小丁。

2 紅蘿蔔磨成泥狀。

3 鍋中放少許油爆香薑片,再放入香菇丁炒香,加水1500CC煮開。

4 加入珍珠菇、美白菇、素蝦仁、嫩豆腐煮滾,再加鹽及胡椒調味,並用少許太白粉水(太白粉1大匙,1大匙水)勾芡。

5 最後加入紅蘿蔔泥攪勻,淋少許香油,放入秋葵即可。

開心
悄悄話

放學路上不論是否有點心補充,到家緩緩來一碗珍珠羹,爽口清新,身心溫暖,疲憊頓消。

團圓・
全家真幸福

南洋咖哩

食材

馬鈴薯	3粒

玉米	1條
紅蘿蔔	1條
素肉塊	300公克
薑	1小塊
杏鮑菇	300公克

調味料

椰漿	1罐
咖哩粉	2大匙
咖哩塊	300公克
月桂葉	2片

辣椒	2支
鹽	1小匙

幸福の足跡

1 將馬鈴薯、玉米、紅蘿蔔切塊。薑及紅辣椒切片。素肉塊浸水泡軟。

2 鍋中加少許油爆香薑片、紅辣椒。

3 再加入素肉塊、咖哩粉炒香，然後加水2000CC。

4 再加入椰漿煮滾。

5 放入月桂葉。

6 加入馬鈴薯塊、紅蘿蔔、玉米、杏鮑菇。

7 加入咖哩塊，用小火燜煮20分鐘，加1小匙鹽調味即可。

喜廚私房說

也可搭配白飯或麵做成咖哩飯或咖哩麵，或者沾麵包食用。

開心
悄悄話

晚餐是團圓時光，把握闔家大小一起吃飯的機會，天南地北都在一桌菜之間。
椰汁咖哩的異國風情作為提味，這一鍋除了飽足感，相聚的歡樂才是主角。

團圓・
全家真幸福

麻辣砂鍋腸旺

食材

酸菜	1粒	木耳	5朵	毛豆仁	半碗
		香菇	8朵	麵腸	3條
		薑	1段	智慧糕	1塊
		金針菇	1包	沙拉筍	1塊

調味料

花椒粒	1大匙
豆瓣醬	3大匙
烏醋	1大匙
太白粉	2大匙

家家幸福篇

幸福の足跡

1 酸菜、木耳、香菇、麵腸、薑、沙拉筍分別切片。金針菇切去根部洗淨。智慧糕切小片。

2 鍋中加少許沙拉油燒熱,沖入裝有花椒粒的碗中。放涼後濾出花椒油備用。

3 鍋中加少許油,放入麵腸煎至兩面金黃,盛出備用。

4 鍋中加少許油,放入薑片爆香,再放入香菇爆香。

5 加入酸菜、木耳、沙拉筍片炒勻。

6 加入豆瓣醬拌炒。

7 再加水1500CC一同煮滾。

8 接著倒入麵腸、智慧糕,煮至入味。

9 用少許太白粉水(2大匙水加2大匙太白粉)勾芡。再加入金針菇、毛豆仁煮熟。

10 最後淋上醋及花椒油。

開心
悄悄話

腸旺鍋品的隆重,常作為宴客的選擇;全家人共享時推出,最顯踏實豐富!

195

團圓・
全家真幸福

繡球湯

食材

板豆腐　1塊

素肉漿	1碗
芋薺	半碗
髮菜	20公克
甜豆	半碗

生香菇	8朵
玉米筍	100公克
紅蘿蔔	100公克

調味料

太白粉	2大匙
鹽	1小匙
胡椒粉	1小匙
香油	1大匙

 幸福の足跡

1 髮菜泡水剪碎。荸薺拍碎壓出水分。甜豆尖燙過備用。

2 豆腐利用篩網壓出水分,成為豆腐泥。

3 將豆腐泥、素肉漿、髮菜、荸薺,放入食材盆中。

4 加少許胡椒粉、鹽調味,加入2大匙太白粉攪拌均勻。

5 將豆腐泥搓成小球狀,放在塗了油的盤子上,放入鍋中蒸熟。

6 紅蘿蔔刻花切片。香菇表面刻花。玉米筍切斜片。

喜廚私房說

高湯的做法:
請參照第160頁昆布高湯做法。

7 水1000CC加高湯500CC煮沸,放入香菇、紅蘿蔔、玉米筍煮滾。

8 將豆腐丸和甜豆加入湯中煮滾,加入胡椒粉、鹽調味,滴香油即可。

 開心
悄悄話

有別於腸旺的濃重厚實,繡球更顯細緻、輕巧;不同風味,晚餐桌上同等滿足!

幸・福・廚・房

團圓・
全家真幸福

八寶辣醬

食材

香菇	10朵	豆干	1碗	毛豆仁	半碗
		紅蘿蔔	半碗	烤麩	半碗
		豆薯	1碗	木耳	半碗
		榨菜	半碗	花生	半碗

調味料

辣椒	3條	糖	1大匙
薑	1小塊	醬油膏	2大匙
太白粉	2大匙		
辣豆瓣醬	2大匙		

幸福の足跡

1 烤麩泡軟切丁稍過熱水去油。榨菜洗去鹹味後切丁。毛豆仁去膜氽燙過備用。

2 香菇泡軟去蒂切丁。豆干、紅蘿蔔、豆薯、木耳、辣椒切丁。薑切末備用。

3 鍋中加少許油,放入薑末爆香。

4 加入香菇丁、豆干、紅蘿蔔、烤麩拌炒,再將其他切成小丁的食材及毛豆仁全部入鍋中同炒。

5 加辣豆瓣醬、糖、醬油膏調味,再倒入適量太白粉水(2大匙太白粉與2大匙水)勾芡,起鍋前再撒上花生即可。

開心
悄悄話

　　八寶辣醬可作為晚餐一道配菜,也可作為拌飯、拌麵的配醬。多元角色定位,適用多重功能,隨取所需,百變不居。

團圓・
全家真幸福

麻油鮮菇

食材

猴頭菇料理包	1包
山藥	1小段
薑	1小塊
柳松菇	1包

精靈菇	1包
芥菜心	1朵

調味料

麻油	2大匙
鹽	1大匙

幸福の足跡

1 薑切片。山藥去皮切滾刀塊泡水，防止氧化變黑。芥菜心切滾刀塊。

2 柳松菇、精靈菇切小段汆燙後備用。

3 鍋中先加麻油爆香薑片。

4 加入柳松菇、精靈菇一同拌炒。

5 再加入猴頭菇料理包炒勻。

6 加 1500CC水煮滾。

9 盛盤時撒上少許枸杞。

7 加入生山藥續煮。

8 待山藥熟透，即可加入芥菜心煮熟，加鹽調味即可。

開心
悄悄話

眾菇聚集的創意，造就踏實為本、清爽為用的一場邂逅！

金美

深根台灣，真幸福

——Y.Y.

　　落落大方，開朗活潑，身材修長的Y.Y.佇立人群之中非常突出亮眼。她一進教室，就帶來一股「大姐大式」的能量場；與同伴對談、切磋廚藝的投足之間，領導氣勢十足。

　　Y.Y.個性率真，表達直來直往，非常具有湖南姑娘的韻味。因曾在深圳等大城市工作過，言談之間邏輯清楚，論點明確，能明顯感受她中產知識分子的「現代女性」特質。台灣媳婦十年，Y.Y.走過一段不算短的文化差異適應歷程。雖然同文同種，關於家庭的傳統觀念，剛開始對她來說仿佛是一道很難跨過的坎兒——為什麼女性就得是那個在家相夫教子的角色？為什麼男性在家裏就像取得豁免權一樣，可以什麼都不做？走過大城市的都會生活，來到金山小鎮，就醫和購物等生活方式的不方便，也讓Y.Y.有種說不出的悶。雖然婆家對Y.Y.很好，金山的環境也很美，生活上種種的差異和潛伏的心理壓力，累積到一定程度，還是需要時不時地回趟娘家，重新再找到能量。否則，整個人就

▲Y. Y.身材高挑，行事也頗有大姐和長嫂風範，照顧大家，照顧小朋友！

會啟動「低潮程式」，幾乎就要失去繼續走下去的力量。

　　小孩開始上學之後，意外地帶來轉變的契機。和孩子一起參與學校的活動，成為媽媽志工的一員，讓她發現一片「新樂園」。許多台灣主婦都願意無償為學校奉獻，那份無私的心量，Y.Y.感到非常不可思議，由衷讚歎！在這段時間，她也開始交自己的朋友，拓展社交圈。沒想到的是，竟然遇到許多「同鄉」，雖然彼此老家相距也在千里之譜，只要同源彼岸，人不親土也親，她因此找到暢所欲言的出口，自己的「閨蜜姐妹團」也就相應而生。但是因為大家都屬主婦級別，每個人都有一份家庭責任，到哪兒都得帶著孩子，互相聚會傾吐，並不容易。

　　加入幸福廚房課程之後，這裏像是自家廚房的延伸，具有多重功能——空間充分，可以容納所有的好朋友，孩子也可以一起參與「幸福兒童」的課程，不必擔心孩子沒地方去，沒有人照顧；課程中可以學做素食料理，變換家裏餐桌上的菜色；可以和姐妹們分享生活的心情，邊吃邊聊，就像小時候和左鄰右舍相互串門的那番熱鬧。Y.Y.覺得，廚

▼課堂中，時時可聽見Y.Y.爽朗的笑聲！

房課程的場景，仿佛回到了自己的娘家，一周待上2個小時，竟巧妙地平復了自己的思鄉之情。

　　自在、歡樂、學習新知，不斷齊聚正能量於一堂，Y.Y.生命的根，心底深處的「家」漸漸發生移轉。她發現自己回娘家充電的需求越來越淡了。即使回去，也想趕快回台灣，離開幾天就想要知道先生和孩子好不好、姐妹們怎麼樣了、學校的活動人力夠不夠……等。她的心，再度敞開，面向自己、家人、朋友，和這個她原來不太能適應的台灣社會，相互融合，一同並進。

　　最開心的是，社會大學的課程，讓她有機會延續中斷許久的夢想——再度重拾了畫筆！因為求學、工作、結婚、照顧孩子，總是把滿足他人的需求放在

▲開朗健談，課餘和同伴們的閒聊，是她快樂的泉源！

▲掌勺起來，架勢十足！

自己之前，不得不放棄最喜歡的畫畫。從來也沒有想過竟然還能夠再度結緣，在畫畫的過程中，自我實現。每週四是她最忙碌、最開心的時間，白天學畫畫，下午帶小孩上課，晚上參加金美國小幸福廚房的課程！來回奔波，幸福滿滿！

生命深度已經扎根在台灣的Y.Y.，活得越來越開心、自在，許多價值觀也開始改變——關於素食，從前認為每頓飯都應該有肉，覺得素食口味不佳的觀念，也漸漸轉變，被素食是淨化自己的好機會、是淨化世界資源的觀念所取代。觀念的轉變，她覺得自己的世界也跟著開拓了。

關於幸福，Y.Y.的觀念改變最大，她覺得每一天的幸福，才是真幸福，不是說要追求住多大的房子，住什麼樣的繁華城市才是幸福。其實都不是，有這些當下的滿足，就是最大的幸福！

▲ 與大家團隊協作，又見她靜默盡心的一面！

金美國小 幸福廚房

金美國小幸福廚房位於金山區市中心，多數學員和主廚老師是認識了幾乎大半輩子的好朋友和鄰居，廚房是彼此生活場域的延伸，多元功能的活化，公、私領域之間的融合。

學員走進廚房，更像是來參與一場美食同樂派對！學中做，做中學，再把歡樂和撇步帶回家！

金美國小幸福廚房中新住民和好男人的比例較高，年輕媽媽人數也多，豐富了廚房的青春活力和多元性。新住民與本地居民的融合與友善，也在廚房中表露無遺。

喜廚老師的課程重點在於推動學童健康和親子同樂，菜單以烘焙、糕點、小食居多，集歡樂、美食、遊戲、教育性於一處，以此為媒介，成為家家幸福的基礎！

↑難得一見的好男人幸福廚房！

↑不論走到何處，都看到班長默默服務的身影！

←年輕嫻靜的媽媽學起烹飪，有模有樣！

↓課前準備，大家不分你我，一起洗菜、切菜——一起靜默、歡喜！

↑金美國小廚房中的大男孩，一點也不含糊。

↑學員不分你我隨時補位。

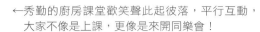
←秀勤的廚房課堂歡笑聲此起彼落，平行互動，
大家不像是上課，更像是來開同樂會！

↙ 年輕活力的學員，動作總是敏捷迅速！

↓師生協作、同學合作是秀勤廚房學習的原則，
沒有太多的教導和示範。大家一起 「做中學、
學中做」，共同探索。

↑老中青三代的好男人，齊聚金美國小幸福廚房！

↑一缽之中，盡情施展！

→全部吃光光，是小朋友對主廚老師最大的讚
　許！

↓新住民學員領悟和吸收能力也很高！馬上就能
　獨立作業，上手很快！

↗秀勤廚房也有中學生聞名來學習！

→分享時光，大大小小一起來，仿佛回到
　大家庭的共享時代！

眾。品。幸福
知福惜福，最是幸福！
（頤嵐達）

走進幸福廚房

還來不及聞得飯菜香

第一撲面的

先是人人雀躍的歡欣熱鬧——

廚房裏的每一個你-你-我-我，

為了什麼

能那麼那麼那麼開心呢？

這裏仿佛正熬煮著一鍋「幸福濃湯」：

先爆香了主廚老師的淡然、安定

徹底打破認知框架的心創意，作為底蘊

學員殷切企盼和好學活力，凝成高湯

歷經長達三年的慢火熬煮
起鍋前不忘灑上志工菩薩們的發心甘露

和合眾善，緣緣歡喜
提味而成這樣一鍋
富含著
禪悅為食
大地唯美
家家幸福

端起，品上一蘿──

當下沁入心霏的
是從未品過、融化過的這一味
隨處皆美的幸福！

國家圖書館出版品預行編目資料

幸福廚房 / 王惠淑, 林麗華, 王秀勤著. --
初版. -- 新北市 : 葉子, 2017.03
面；　公分. --（銀杏）

ISBN 978-986-6156-21-2（平裝）

1.素食食譜

427.31　　　　　　　　　　　106001962

幸福廚房

作　　　者／王惠淑、林麗華、王秀勤
策　　　劃／法鼓山人文社會基金會、群馨慈善事業基金會
文字整理／頤嵐達
攝　　　影／李東陽
出　　　版／葉子出版股份有限公司
發 行 人／葉忠賢
總 編 輯／閻富萍
美術設計／趙美惠

地　　　址／新北市深坑區北深路三段 260 號 8 樓
電　　　話／886-2-8662-6826
傳　　　真／886-2-2664-7633
服務信箱／service@ycrc.com.tw
網　　　址／www.ycrc.com.tw

I S B N　／978-986-6156-21-2
初版一刷／2017 年 3 月
初版二刷／2017 年 4 月
定　　　價／新台幣 380 元

總 經 銷／揚智文化事業股份有限公司
地　　　址／新北市深坑區北深路三段 260 號 8 樓
電　　　話／886-2-8662-6826
傳　　　真／886-2-2664-7633

Leaves
Publishing

書號 L5124　　書名 幸福廚房

葉子出版股份有限公司

讀・者・回・函

感謝您購買本公司出版的書籍。

為了更接近讀者的想法，出版您想閱讀的書籍，在此需要勞駕您詳細為我們填寫回函，您的一份心力，將使我們更加努力！！

1.姓名：＿＿＿＿＿＿＿＿

2.性別：□男　□女

3.生日／年齡：西元＿＿＿＿年＿＿＿＿月＿＿＿＿日＿＿＿＿歲

4.教育程度：□高中職以下□專科及大學□碩士□博士以上

5.職業別：□學生□服務業□軍警□公教□資訊□傳播□金融□貿易
　　　　　□製造生產□家管□其他＿＿＿＿

6.購書方式／地點名稱：□書店＿＿＿＿□量販店＿＿＿＿□網路＿＿＿＿□郵購＿＿＿＿
　　　　　　　　　　　□書展＿＿＿＿□其他＿＿＿＿

7.如何得知此出版訊息：□媒體＿＿＿＿□書訊＿＿＿＿□書店＿＿＿＿□其他＿＿＿＿

8.購買原因：□喜歡作者□對書籍內容感興趣□生活或工作需要□其他

9.書籍編排：□專業水準□賞心悅目□設計普通□有待加強

10.書籍封面：□非常出色□平凡普通□毫不起眼

11.E-mail：＿＿＿＿＿＿＿＿＿＿＿＿＿＿＿＿＿＿＿＿＿＿＿＿＿

12.喜歡哪一類型的書籍：＿＿＿＿＿＿＿＿＿＿＿＿＿＿＿＿＿＿＿

13.月收入：□兩萬到三萬□三到四萬□四到五萬□五到十萬以上□十萬以上

14.您認為本書定價：□過高□適當□便宜

15.希望本公司出版哪方面的書籍：＿＿＿＿＿＿＿＿＿＿＿＿＿＿＿＿

16.本公司企劃的書籍分類裡，有哪些書系是您感到興趣的？
　　□忘憂草（身心靈）□愛麗絲（流行時尚）□紫薇（愛情）□三色堇（財經）
　　□銀杏（健康）□風信子（旅遊文學）□向日葵（青少年）

17.您的寶貴意見：
＿＿＿＿＿＿＿＿＿＿＿＿＿＿＿＿＿＿＿＿＿＿＿＿＿＿＿＿＿＿＿

☆填寫完畢後，可直接寄回（免貼郵票）。
　我們將不定期寄發新書資訊，並優先通知您
　其他優惠活動，再次感謝您！！